与城市联动的
社区生活圈研究与规划

RESEARCH AND PLANNING OF
COMMUNITY LIFE CIRCLES THAT INTERACT WITH CITY

王承慧　　胡明星　等·著

U0397343

东南大学出版社
SOUTHEAST UNIVERSITY PRESS

·南京·

内容提要

以人为本的新型城镇化发展战略下，社区生活圈理念成为各地提升人民幸福感和获得感的重要抓手。然而，社区生活圈的规划建设实践存在教条化、片面性、短期性的问题。基于注重整体性和协同性、强调科学系统思维的新发展理念，本书提出加强对城市全局性的社区生活圈空间体系的研究，揭示出社区生活圈空间的复杂性和丰富性。社区生活圈规划，必须结合城市空间结构，全局系统与局部要素相结合，才能提升社区生活圈规划建设的科学性和有效性。本书提出与城市联动的社区生活圈差异化引导，并基于对社区中心空间、社区公共空间和生活性街道的深入研究给出针对性引导，最后介绍了作者团队对老城区和新城区进行的社区生活圈优化规划创新探索。

图书在版编目(CIP)数据

与城市联动的社区生活圈研究与规划 / 王承慧等著 .

南京：东南大学出版社，2024.12. -- ISBN 978-7
-5766-1796-2

Ⅰ. TU984.12

中国国家版本馆 CIP 数据核字第 2024YQ6762 号

责任编辑：丁　丁　　责任校对：子雪莲　　封面设计：王　玥　　责任印制：周荣虎

与城市联动的社区生活圈研究与规划
YU CHENGSHI LIANDONG DE SHEQU SHENGHUOQUAN YANJIU YU GUIHUA

作　　者：王承慧　胡明星　等
出版发行：东南大学出版社
社　　址：南京市四牌楼2号　邮编：210096　电话：025-83793330
出 版 人：白云飞
网　　址：http://www.seupress.com
电子邮箱：press@seupress.com
经　　销：全国各地新华书店
印　　刷：广东虎彩云印刷有限公司
开　　本：787 mm×1092 mm　1/16
印　　张：10.5
字　　数：251 千字
版　　次：2024年12月第1版
印　　次：2024年12月第1次印刷
书　　号：ISBN 978-7-5766-1796-2
定　　价：128.00元

前言

　　每个以住区或社区为研究领域的规划学人都必然会关注社区公共设施。我的博士论文聚焦城市新区居住空间，正值21世纪初的中国城镇化高歌猛进之时。那时在梳理20世纪以来国际上城市新区设施配套的发展历程时，就注意到对早期现代主义自给自足乌托邦模式的批判，设施配套模式在不同国家都经历着阶段性演进。

　　当前，中国已进入城镇化下半程，致力于以人为本的新型城镇化，不断探索中国特色的现代化治理体系。国家对民生福祉高度重视，社区生活圈理念成为各地政府提升人民幸福感和获得感的重要抓手。社区生活圈概念与早期邻里单位概念具有渊源关系，在注重集体和家庭的东亚地区被赋予生活共同体的期许，因此与社区生活圈有关的规划和研究在东亚地区得到长足发展。与生活圈相呼应，近年来国际上不少城市也以15分钟城市、10分钟城市甚至1分钟城市作为重要的发展战略。如此形势下，在中国的社区生活圈规划和营建实践中，我们应讲好中国故事。

　　然而，面向未来的社区生活圈，不应倒退回早期现代主义自给自足乌托邦模式，而应通过研究发现社区生活圈的空间特征和发展规律，务实性和前瞻性相结合，探索适应中国国情的社区生活圈规划和营建路径。在政府公共财政普遍紧缩的全球形势下，提供值得推广的中国经验。

　　社区生活圈最基本的规划要点，已经进入国家或地方政府发布的相关标准或指南。正如同一本教材，不同的人学习，成绩会有差异一样，遵循同样的标准或指南，能够延展性思考的规划人才能做出更好的规划或进行更好的规划管理。本书将作者近年的延展性研究和探索性规划进行介绍，希望拓展规划人的视角，引发更多的讨论，共同提高社区生活圈规划的科学性和有效性。

　　本书之所以能够成形，要感谢与我一路交集的相关人员。首先要感谢的是南京市规划管理部门，我得以有机会带领团队于 2013 年负责了《南京市公共设施配套规划标准》的修订工作，以及于 2020 年负责了《南京市 15 分钟社区生活圈规划导则》的编制及其研究工作；并于 2023 年秋冬季进行了"宁好·玄武门社区生活圈"的高校师生社区规划师教学实践探索，这一教学实践工作惠及参与的学生，在老师带领下和基层支持下，学生经历了社区规划师的成长训练，教学成果也颇具新意。其次，要感谢作者团队的每一个人：与我在《南京市 15 分钟社区生活圈规划导则》编制及其研究工作中愉快合作的胡明星教授，他对第一章中运用的技术给予指导并直接主导其中关于居民日常生活圈空间形态类型影响因子分析一节的内容，研究生郑捷敏也有贡献；与我同行一段路程的充满朝气的研究生们——余畅、李嘉欣、蒋莹、瞿嘉琳、邱建维、汤雪儿、邓颖升，他们在我的指导下进行了有关内容的团队调查、相关研究以及部分成图制作，如今都已进入工作岗位，希望他们学以致用、不忘初心，保持时常令我惊喜的敏锐、好奇和创造力；东南大学土木工程学院郑磊副教授也参与了第二章的部分工作。

本书得以顺利出版，还要特别感谢东南大学出版社，尤其是丁丁女士，没有她的大力支持，本书也难以获得理想的出版效果。前行之路上，还有很多给予了帮助的朋友，谢意留在心底。

王承慧

2024 年 4 月 28 日

目录

引言

0.1　什么是社区生活圈　002
0.2　社区生活圈要素和体系　005
0.3　社区生活圈规划建设的挑战　008
0.4　加强社区生活圈研究与空间规划的结合　010
0.5　圈内圈外：与城市联动发展　012
0.6　本书结构　014

第一章 —————— **城市全局视角下社区生活圈空间特征研究** ————————

1.1　居民对日常生活空间的感知　018
　　1.1.1　居民对日常生活空间形态的感知　018
　　1.1.2　居民对日常生活空间品质的评价　019
　　1.1.3　小结　021
1.2　街道辖区多维属性特征　021
　　1.2.1　空间属性　022
　　1.2.2　形态属性　023
　　1.2.3　功能属性　024
　　1.2.4　社会属性　025
　　1.2.5　小结　025
1.3　社区公共设施空间布局特征与服务能级　026
　　1.3.1　研究方法　026
　　1.3.2　社区公共设施空间布局特征　028
　　1.3.3　社区公共设施服务能级　029
　　1.3.4　小结　032
1.4　居民日常生活圈空间形态特征与影响因子　033
　　1.4.1　研究方法　034
　　1.4.2　居民日常生活圈空间形态类型及特征　035
　　1.4.3　居民日常生活圈空间形态类型的影响因子　037

　　　　　　　　　　1.4.4　小结　　　　　　　　　　　　　　　　039

　　　　　1.5　规律和理想　　　　　　　　　　　　　　　　　040

第二章 ------------- 与城市联动的社区生活圈差异化引导 -----------------

　　　　　2.1　区域联动发展　　　　　　　　　　　　　　　044

　　　　　2.2　与行政辖区衔接　　　　　　　　　　　　　045

　　　　　2.3　与人口密度匹配　　　　　　　　　　　　　046

　　　　　2.4　与主体功能互动　　　　　　　　　　　　　049

　　　　　2.5　与年龄结构适应　　　　　　　　　　　　　055

第三章 ------------- 社区中心空间研究与规划引导 -----------------

　　　　　3.1　社区中心空间规划理念的演变　　　　　　058

　　　　　　　　　　3.1.1　国际视野下社区中心空间模式的变迁　　058

　　　　　　　　　　3.1.2　国内社区中心空间规划实践发展历程　　059

　　　　　　　　　　3.1.3　当前国内社区中心空间研究状况　　　059

　　　　　3.2　社区中心空间类型及其服务效益　　　　060

　　　　　　　　　　3.2.1　南京市玄武区既有社区中心空间研究　　060

　　　　　　　　　　3.2.2　对既有社区中心空间优化的启发　　　062

　　　　　3.3　对新区集中用地的社区中心规划建设的评估　063

　　　　　　　　　　3.3.1　南京河西新城中部地区社区中心规划实施评估　064

　　　　　　　　　　3.3.2　南京河西新城中部地区社区中心的居民使用分析　066

　　　　　　　　　　3.3.3　对集中用地的社区中心规划模式的讨论　069

　　　　　3.4　规划引导　　　　　　　　　　　　　　　　071

　　　　　　　　　　3.4.1　整体优化"城市空间结构—社区服务设施—社区
　　　　　　　　　　　　　　中心"布局　　　　　　　　　　　　　　071

　　　　　　　　　　3.4.2　对规划的社区中心进行精细化的用地管理　074

　　　　　　　　　　3.4.3　提升社区中心空间的设计品质和吸引力　076

　　　　　　　　　　3.4.4　加强融合社区服务设施的用地供给弹性和用途兼
　　　　　　　　　　　　　　容性　　　　　　　　　　　　　　　　076

第四章 ------------- 社区公共空间研究与规划引导 -----------------

　　　　　4.1　社区公共空间发展的趋势　　　　　　　　078

　　　　　4.2　社区公共空间面积指标及可达性评估　　079

　　　　　4.3　社区公共空间形态分析和聚类　　　　　082

　　　　　4.4　低绩效街道的规划引导　　　　　　　　　091

　　　　　　　　　　4.4.1　老城低绩效街道生活圈公共空间引导　092

　　　　　　　　　　4.4.2　新城低绩效街道生活圈公共空间引导　094

　　　　　　　　　　4.4.3　涉农低绩效街镇生活圈公共空间引导　096

4.4.4　郊野区域低绩效街镇生活圈公共空间引导　　098

第五章 --------------- **生活性街道研究与规划引导** ---------------

5.1　生活性街道研究的兴起　　102

5.1.1　城市规划与设计领域人文思想的影响　　103

5.1.2　我国城市整治和更新实践人民性的体现　　104

5.1.3　生活性街道近年研究的趋势　　105

5.2　生活性街道的属性　　107

5.3　生活性街道的活力与形态　　111

5.4　规划引导　　118

5.4.1　引导通则　　118

5.4.2　基于生活性街道属性的空间引导　　119

5.4.3　匹配生活性街道活力的形态引导　　120

第六章 --------------- **社区生活圈优化规划探索** ---------------

6.1　老城区社区生活圈优化规划——以南京玄武区玄武门街道社区
生活圈优化为例　　124

6.1.1　玄武门街道发展概况　　124

6.1.2　"宁好·玄武门社区生活圈"社区规划师工作组织　　126

6.1.3　社区生活圈要素达标评估与居民参与　　127

6.1.4　社区生活圈优化空间规划　　133

6.1.5　社区生活圈优化行动项目策划　　135

6.1.6　面向未来的几点思考　　136

6.2　新城区社区生活圈优化规划——以南京南部新城机场三路社区
生活圈优化为例　　139

6.2.1　南部新城规划定位与发展情况　　139

6.2.2　机场三路社区现状与规划　　140

6.2.3　机场三路社区生活圈优化策略　　144

6.2.4　机场三路社区生活圈体系优化　　146

6.2.5　对详细规划体系的思考　　154

参考文献　　155

引言

0.1 什么是社区生活圈

0.2 社区生活圈要素和体系

0.3 社区生活圈规划建设的挑战

0.4 加强社区生活圈研究与空间规划的结合

0.5 圈内圈外：与城市联动发展

0.6 本书结构

社区生活圈规划理念在 2018 年发布的《城市居住区规划设计标准》推动下，成为民生建设领域贯彻以人民为中心发展思想的重要抓手。控制性详细规划编制、老旧小区整治更新、基层完善社区配套设施等工作均突出以民生福祉为导向，强调以人为本、适宜时间步行可达公共服务的配套要求，切实提升居民的幸福感和获得感。

社区生活圈既是国土空间规划的重要内容，也是地方政府和基层社区的工作重点。然而，社区生活圈的规划建设实践存在教条化、片面性、短期性的问题，亟须加强规划引导的适应性、系统性、长效性。自然资源部 2021 年发布的《社区生活圈规划技术指南》（TD/T 1062—2021）明确指出，社区生活圈规划建设应践行以人民为中心的发展思想，贯彻"创新、协调、绿色、开放、共享"新发展理念。新发展理念注重整体性和协同性，强调科学系统的思维。只有加强社区生活圈规划研究，提高社区生活圈规划的科学性、针对性和可操作性，才能真正发挥出社区生活圈的基础保障和综合性作用，向高品质生活和高质量发展迈进。

0.1

什么是社区生活圈

社区生活圈研究最早于 20 世纪中期出现在日本，多位学者对人在日常活动中使用设施的空间进行圈层分析[1-4]，为社区生活圈理论的发展打下了基础，影响逐渐扩散至东亚各地区。中国最早的相关研究可追溯至 20 世纪 80 年代，陈青慧等[5] 最早将生活圈概念用于居住环境评价，发现不同圈层空间环境与设施等的复合作用共同影响城市居住环境质量。王兴中[6] 将"日常城市体系"这一概念应用于城市空间与日常活动区域的规律研究，将人的行为活动视为变量，探究不同人群与城市空间相互作用产生的城市空间结构和区域与范围。柴彦威[7] 以单位为基本单元对我国城市内部空间结构进行研究，将生活圈层分为基础生活圈、低级生活圈、高级生活圈。袁家冬等[8] 从"日常生活圈"的概念出发，以城市居民的日常活动所涉及的空间范围的角度研究城市行政地域系统。季珏等[9] 依据出行范围、频率与空间特征的聚类分析划分居民日常出行的生活空间单元，指出公共设施的分布是生活空间单元划分的重要依据。柴彦威等[10]进一步全面界定生活圈层，社区生活圈是满足居民最基本需求的圈层；基础生活圈是由若干社区生活圈及其共用公共设施构成；通勤生活圈是以居民通勤距离为尺度，包括就业地及周围设施的圈层；扩展生活圈则是满足居民偶发行为的圈层；协同生活圈是再向外围城市扩展的圈层。

综上所述，生活圈概念涉及区域、城市、地区等诸多层次。宏观层面的职住生活圈、地域文化圈等受宏观政策及区域规划、总体规划等影响。而社区生活圈与人们日常生活密切相关，更强调以获取社区公共服务等公共资源为要义的相关政策，更受公共设施供给政策、城市空间结构及详细规划的影响。国内有关部门和城市已经发布的相关标准和导则中，对社区生活圈的定义见表0.1。

表0.1 国内相关标准或导则中的社区生活圈定义

国内相关标准或导则	社区生活圈定义
《城市居住区规划设计标准》（GB 50180—2018）	**生活圈居住区**：一定空间范围内，由城市道路或用地边界线所围合，住宅建筑相对集中的居住功能区域；**15分钟生活圈居住区**：以居民步行15分钟可满足其物质与生活文化需求为原则划分的居住区范围，步行距离800~1 000 m，居住人口5万~10万人；**10分钟生活圈居住区**：以居民步行10分钟可满足其物质与生活文化需求为原则划分的居住区范围，步行距离500 m，居住人口1.5万~2.5万人；**5分钟生活圈居住区**：以居民步行5分钟可满足其物质与生活文化需求为原则划分的居住区范围，步行距离300 m，居住人口0.5万~1.2万人；**居住街坊**：人口0.1万~0.3万人
《社区生活圈规划技术指南》（TD/T 1062—2021）	**社区生活圈**：在适宜的日常步行范围内，满足城乡居民全生命周期工作与生活等各类需求的基本单元，融合"宜业、宜居、宜游、宜养、宜学"多元功能，引领面向未来、健康低碳的美好生活方式。 **15分钟层级**：宜基于街道社区、镇行政管理边界，结合居民生活出行特点和实际需要确定社区生活圈范围，并按照出行安全和便利的原则，尽量避免城市主干路、河流、山体、铁路等对其造成分割。该层级内配置面向全体城镇居民、内容丰富、规模适宜的各类服务要素。 **5~10分钟层级**：宜结合城镇居委社区服务范围，配置城镇居民日常使用，特别是面向老人、儿童的基本服务要素
《上海市15分钟社区生活圈规划导则（试行）》（2016年）《上海市城市总体规划（2016—2040）》	**15分钟社区生活圈**：上海打造社区生活的基本单元，即在15分钟步行可达范围内，配备生活所需的基本服务功能与公共活动空间，形成安全、友好、舒适的社会基本生活平台。生活圈一般范围在3 km²左右，常住人口5万~10万人
《上海市"15分钟社区生活圈"行动工作导引》（2023年）	**15分钟社区生活圈**：在市民慢行15分钟可达的空间范围内，完善教育、文化、医疗、养老、休闲及就业创业等基本服务功能，形成"宜居、宜业、宜游、宜学、宜养"的社区生活圈，构建以人为本、低碳韧性、公平包容的"社区共同体"。城镇社区生活圈以街道行政边界为范围，一般规模为3~5 km²，服务常住人口5万~10万人
《济南15分钟社区生活圈规划导则》（2018年）《济南15分钟社区生活圈专项规划》（2018年）	**15分钟社区生活圈**：在15分钟步行可达的范围内，配备生活所需的基本服务功能与公共活动空间，形成社区居民生活基本平台。 **街道级生活圈**：集中布置具有一定规模级的服务设施，控制在10~15分钟步行范围内（3~5 km²），按照5万~8万人服务规模具体划定。 **邻里级生活圈**：集中布置服务距离短的服务设施，控制在5~10分钟步行范围内（0.5~2 km²）

国内相关标准或导则	社区生活圈定义
《南京市15分钟社区生活圈规划导则》（2023年）	**15分钟生活圈**：保障民生福祉、提升居民归属感、促进社区治理、共建共治共享美丽宜居家园的基本单元，即以居民步行15分钟可满足其物质与生活文化需求为原则，进行服务功能和公共活动空间等公共资源的配置，形成便利安全、舒适宜居、丰富多彩的居民日常生活空间体系。 **居住社区生活圈**：对应10~15分钟生活圈。居住社区生活圈既配置距离敏感性要素，又配置行政辖区适应性要素。 **基层社区生活圈**：对应5分钟生活圈，重点配置出行距离敏感性要素，即经常性使用和面向老人、儿童的服务设施要素。 **居住街坊**：构成社区生活圈的最基本单元，由城市道路或用地边界线围合，需要配置物业管理等相应的便民服务设施和街坊内集中绿地

在这些作为规划依据的标准以及引导规划的导则中，社区生活圈都强调在适宜步行距离内满足居民基本生活需要，相应地配置公共设施和公共空间，并和城市治理基本单元相关联。社区生活圈的内涵，要结合日常生活空间的时空两方面来理解。一方面，突出以人为本的需求满足和获得感，公共资源应尽量便利可达；另一方面，强调日常生活空间的高品质，包括公共设施、公共空间和连接性的慢行体系应具有良好的环境质量。而在现实实践中，则应在共建共享共治的机制下，需求、供给相匹配、相适应，才能获得最好的宜居性。因此，对居民而言，社区生活圈是日常休闲交往活动、获取基本公共服务和其他生活服务的宜居生活家园；对政府而言，社区生活圈是供给基本公共服务、组织规划编制、改善社区环境、支持社区治理的基本管理单元；对社区而言，社区生活圈是不同利益主体共同生存的空间，是共建共治共享的社区治理单元。见图0.1。

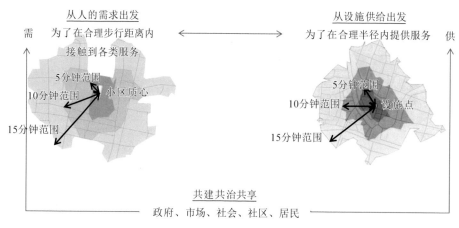

图0.1 社区生活圈概念图示

0.2

社区生活圈要素和体系

1）要素构成

社区生活圈首先应承载为居民提供基本公共服务的空间要素，即基础保障型设施要素。享有基本公共服务是公民权利，提供基本公共服务是政府职责，而基本公共服务的具体内容则根据社会经济的发展、适应需求和供给能力的变化而不断调整。城市规划应为基本公共服务提供空间保障。依据《城市居住区规划设计标准》（GB 50180—2018）、《社区生活圈规划技术指南》（TD/T 1062—2021）和《国家基本公共服务标准（2021年版）》，应通过规划建设予以空间保障的社区生活圈服务设施包括八类：教育、医疗卫生、文化、体育、行政管理和社区服务、社会福利和保障、商业服务、公共安全。公园绿地也是一类基础保障型设施要素，为城市居民提供户外休闲游憩和文化体育活动空间。

如果社区居民有超出基础保障要素的强烈需求，那么政府应根据情况积极引导市场或社会力量加以落实。此类设施被称为品质提升型设施要素。这些要素，若能体现社区资源禀赋和特色，则被称为特色型设施要素。

除了服务设施要素，还有关联支撑要素。关联支撑要素由与服务设施空间布局密切相关的设施构成，包括慢行体系、公交站点等交通设施和市政设施要素。慢行体系连接着住宅和设施，其规划合理性和空间品质对于社区生活圈的质量至关重要。

2）分级体系

社区生活圈要素的规划配置，通常按人口规模、步行距离进行分级配置。不同城市的分级设定存在共性和差异，见表0.2和表0.3。

表 0.2　国家标准和各城市公共设施配置标准中的分级

标准名称	居住区/街道/社区	居住小区/基层社区	组团/基层社区	居住街坊/居住地块/开发项目
《城市居住区规划设计标准》（GB 50180—2018）	5 万~10 万人（十五分钟生活圈居住区）（17 000~32 000 套住宅）；步行距离 800~1 000 m；用地面积 130~200 hm²	1.5 万~2.5 万人（十分钟生活圈居住区）（5 000~8 000 套住宅）；步行距离 500 m；用地面积 32~50 hm²	0.5 万~1.2 万人（五分钟生活圈居住区）（1 500~4 000 套住宅）；步行距离 300 m；用地面积 8~18 hm²	0.1 万~0.3 万人（居住街坊）（300~1 000 套住宅）；用地面积 2~4 hm²
《广州市社区公共服务设施设置标准》（2014 年）	3.5 万~10 万人（街道级）；相当于 1~2 个居住区规模		0.6 万~0.75 万人（居委级）；相当于 2~3 个居住组团规模	
《北京市居住公共服务设施配置指标》（2015 年）	<5 万人（街区级）		0.245 万~0.735 万人（社区级）	<0.245 万人（建设项目级）
《厦门市城市规划管理技术规定》（2016 年）	8 万~12 万人（标准街道）		0.8 万~1.2 万人（标准基层社区）	
《重庆城乡公共服务设施规划标准》（2014 年）	4 万~8 万人（居住区）	0.8 万~2 万人（小区）		0.1 万~0.3 万人（组团）
《武汉市居住区公共服务设施配建规定》（2012 年）	3 万~5 万人（居住区）	1 万~1.5 万人（小区）		0.1 万~0.3 万人（组团）
《杭州市城市规划公共服务设施基本配套规定》（2016 年）	4.5 万~7.5 万人（街道级）		0.45 万~0.75 万人（基层社区）	
《青岛市市区公共服务设施配套标准及规划导则》（2018 年）	3 万~5 万人（街道）		0.7 万~1.5 万人（社区）	0.1 万~0.3 万人（社区以下）
《深圳市城市规划标准与准则》（2019 年）	10 万~15 万人（社区）	1 万~2 万人（社区）		
《长沙市居住公共服务设施配置规定》（2017 年）	5 万~8 万人（街道）；服务半径 500~1 200 m		1 万~1.5 万人（基层社区）；服务半径 300~500 m	
《南京市公共设施配套标准》（2023 年）	3 万~5 万人（居住社区）；服务半径 500~600 m		0.5 万~1 万人（基层社区）；服务半径 200~300 m	0.1 万~0.3 万人（居住街坊）

表 0.3　相关生活圈导则和城市生活圈规划中的分级

	导则或规划名称	15 分钟生活圈	10 分钟生活圈	5 分钟生活圈
导则	《社区生活圈规划技术指南》（TD/T 1062—2021）	城镇 15 分钟社区生活圈	—	城镇 5 分钟社区生活圈
	《上海市 15 分钟社区生活圈规划导则（试行）》（2016 年）	人口：5 万~10 万人服务半径：800~1 000 m用地面积：3 km² 左右人口密度：2 万~2.7 万人/km²	人口：1.5 万人服务半径：500 m	人口：0.3 万~0.5 万人服务半径：200~300 m

与城市联动的社区生活圈研究与规划

	导则或规划名称	15 分钟生活圈	10 分钟生活圈	5 分钟生活圈
导则	《济南 15 分钟社区生活圈规划导则》（2018 年）	人口：5 万~8 万人（街道） 10~15 分钟步行范围：老城区 2~4 km²；新城区 4~8 km²；新规划区 3~5 km²	人口：0.8 万~2 万人（居委） 5~10 分钟步行范围：老城区 0.3~0.8 km²；新城区 0.8~2 km²；新规划区 0.4~0.8 km²	
	《兰州市十五分钟生活圈配套设施规划研究与导则》（2020 年）	人口：5 万~10 万人（街道） 10~15 分钟步行范围：老城区 1~3 km²；新城区 3~5 km²	人口：0.5 万~1.2 万人（社区） 5~10 分钟步行范围：老城区 0.3~0.8 km²；新城区 0.5~0.8 km²	
	《宁波 15 分钟社区生活圈规划导则》（2020 年）	人口：3 万~5 万人 人口密度：1 万~3 万人 /km² 范围：3~5 km² 服务半径：800~1 000 m	服务半径：< 500 m	服务半径：< 300 m
规划	《武汉社区生活圈规划》（2019 年）	服务人口：3 万~6 万人 范围：1~3 km²	—	—
	《柳州市 15 分钟步行生活圈专项规划设计》（2020 年）	10~15 分钟级 步行半径：500~1 000 m 范围：1~3.5 km²（成熟区）；3~5 km²（新建区 / 规划区） 人口：2.5 万 ~6 万人（成熟区）；2 万 ~5 万人（新建区 / 规划区） 人口密度：1.5 万 ~3 万人 /km²（成熟区）；1 万 ~1.5 万人 /km²（新建区 / 规划区）	5~10 分钟级 步行半径：300~500 m 范围：3~5 km² 人口：2 万 ~5 万人 人口密度：1~1.5 万人 /km²	
	《宜兴中心城区社区生活圈规划》（2019 年）	自行车十分钟社区生活圈 范围：平均 10 km² 人口：10 万 ~15 万人	步行十分钟社区生活圈 范围：平均 3 km² 人口：3 万 ~5 万人	
	《绍兴中心城市社区生活圈规划研究》（2019 年）	面积：3~5 km²；平均约 4 km² 人口：3 万 ~5 万人；平均约 3.8 万人 人口密度：平均 0.95 万人 /km²	—	—
镇与小城市	《浙江省美丽城镇生活圈配置导则》（2020 年）	人口：0.5 万 ~3 万人 15 分钟社区生活圈 范围：1~2 km²	—	人口：0.1 万 ~0.5 万人 5 分钟邻里生活圈 范围：0.1~0.3 km²
	《萍乡 15 分钟生活圈专项规划》（2019 年）		标准社区：0.8 万 ~1.2 万人 面积：0.5~1 km²	

　　从上述标准、导则和各城市规划来看，设施分级都关联步行时间、人口规模和面积范围。然而，只有少数城市和《城市居住区规划设计标准》（GB 50180—2018）一致，采用三层分级——15 分钟、10 分钟、5 分钟分级；其他城市均两层分级，或称 10~15 分钟、5~10 分钟两级，或称街道级、居委级两级，或称 10 分钟自行车、10 分钟步行两级；大部分城市 15 分钟生活圈都不与《城市居住区规划设计标准》（GB 50180—2018）5 万~10 万人的人口规模一致，而在 5 分钟生活圈层级的人口规模趋同；一些城市在 15 分钟生活圈层级，出现了对应不同密度或区位的不同人口值域，相对更精细。

总体来看，"居住社区—基层社区生活圈"或"街道—居委会"两级设定与行政管理范围对应衔接，更能与规划建设实践中的行政事权相匹配；而对应不同密度或区位的不同人口规模值域更精细科学。不同城市、不同地区的社区生活圈应根据具体情况进行确定。

3）空间系统

各级各类的社区生活圈要素，都是嵌入在城市空间中的。人们经由道路交通、慢行体系到达这些设施要素，从而获取相应的公共服务。因此社区生活圈是由各级各类服务设施要素、公共空间要素以及道路交通、慢行体系共同构成的空间网络系统，满足城市居民的日常生活需要。见图0.2。

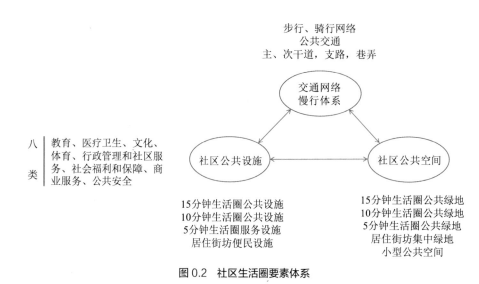

图 0.2　社区生活圈要素体系

0.3

社区生活圈规划建设的挑战

2012年《国家基本公共服务体系"十二五"规划》就指出，基本公共服务均等化指全体公民都能公平可及地获得大致均等的基本公共服务，其核心是机会均等，而不是简单的平均化和无差异化。国家发展改革委等部门《关于印发〈国家基本公共服务标准（2021 年版）〉的通知》（发改社会〔2021〕443 号），提出要合理规划建设各类基本公共服务设施，加快补齐基本公共服务短板，不断提高基本公共服务的可及性和便利性；同时明确指出，各地要结合本地实际，抓紧制定本地区基本公共服务具体实施标准，并与国家标准和行业标准规范充分衔接，进行财政承受能力评估，确保内容无缺项、人群全覆盖、标准不攀高、财力有保障、服务可持续。2022 年《为全面建设社会主义现代化国家全面推进中华民族伟大复兴而团结奋斗——在中国共产党第二十次全国代表大会上的报告》，提到坚持尽力而为、量力而行，着力解决好人民群众急难愁盼问题，健全基本公共服务体系，提高公共服务水平，增强均衡性和可及性。这些重要文件提示着社区生活圈规划建设的挑战——处理好供与需、时与空、质与量的关系。

1）供与需

已纳入基本公共服务标准的服务，是城市政府根据居民需求、财政能力等综合因素考量之后的底线要求。对于承载基本公共服务的设施要素，如果人民群众难以到达或者存在满意度低的情况，则属于急难愁盼的问题，应尽力解决。除此，一些社区可能存在超出基本公共服务的强烈需求，则应根据情况引导市场或社会力量加以供给。供给侧方面，应秉持实事求是的态度，不断提升供给能力，优化完善供给机制，政府、市场与社会乃至社区、居民等多元主体之间形成合力；体现在社区生活圈规划建设上，应秉持可持续发展观，科学合理、经济有效地利用土地和空间，确保宜居适度的居住生活环境。

2）时与空

社区生活圈之所以被冠以 15 分钟、10 分钟、5 分钟配置要求，是由于更加突出以人为本，比以往更加高度关注人的需求，重视公共设施的便捷可达。那么，如何理解"5—10—15 分钟步行距离 / 服务半径"规划要求？如果仅仅理解为简单层级结构，则不能适应城市发展的复杂性，统一的配置要求不能适应各地实际供给能力。一味过于强调步行距离，容易陷入不切实际的教条主义，造成低效、超额配置。公共设施实际上也分以下几种：距离敏感性的公共设施，即高频需求设施，一般是 5 分钟生活圈对应的设施；一定距离敏感性的公共设施，即居民也希望便捷可达，但更需要人口规模支撑方能保证质量的设施；适应行政辖区的公共设施，即按照行政辖区配置的街道办事处、居委会等行政管理设施，一般一个辖区配置一处。因此，5 分钟生活圈设施应尽量达到 5 分钟步行距离可及；10~15 分钟生活圈设施则应根据规划范围情况，具体情况具体分析，合理布局；同时，高度重视公共设施与公交系统的整合，高度重视步行友好、自行车友好。"5—10—15 分钟步行距离 / 服务半径"，可以被当作衡量的尺度，但不应被当作配置的教条。

3）质与量

社区生活圈若从日常空间系统的角度理解，那么分布于该系统的设施空间要素达到配置量固然是重要的，但这种量的供给并不能保证获取服务的质量以及空间环境的品质。社区生活圈规划除了要考虑设施建设量的达标，还要重视日常生活空间的高品质营建，包括公共设施、公共空间和慢行体系的服务功能、环境质量和空间体验。在城市存量空间如老城区中，某些设施的量很可能由于可挖潜空间的匮乏而难以达标，在这种情况下，质的提升将极大缓解量的不足带来的缺憾。对于品质提升型设施，规划过程中就考虑和后续运营的结合，降低空间运营的不确定性，确保后续供给相应的服务，将极大提升规划在人民群众中的信任指数，有助于维系和不断优化社区生活圈的动能。由于特色也是一种珍贵的质量，结合社区生活圈禀赋和发展潜质，营建社区生活圈的特色，将提高社区的吸引力；同时，社区特色也有益于增进人民群众的社区归属感，有助于拓展有效的公众参与，持续性地共建共治共享。

0.4

加强社区生活圈研究与空间规划的结合

与社区生活圈相关的研究主要集中在两个领域。一是关于基本公共服务设施的研究积累。不同国家不同时期的公共设施研究，都反映出当时公共设施供给主体和模式的特征。西方国家总体上经历了政府供应模式下的区位研究、政府与市场双主体下的公平性研究，再到多元主体供给模式下的供给差异化和分异研究。21世纪以来，关于可达性、便利性、步行指数等研究趋势明显[11-13]，与人口分布、分区密度、区位因素等有关的政治经济、社会人文和城市空间因素的讨论越来越多。中国社区公共设施研究于2000年以后伴随快速城市化和商品住房大规模建设而兴起，初期多为市场供应主导下的配置公平性研究，2006年以来涌现大量关于基本公共服务均等化的研究，实践层面也广泛开展运用地理信息系统进行服务覆盖率的检测，作为查漏补缺的依据。随着社

与城市联动的社区生活圈研究与规划

会经济水平的发展，仅满足低福利水平的基本公共服务也开始向普惠方向发展，基本公共服务供给方式出现政府—社会—市场合作的趋势。由于人的需求差异、供给机制差异，基本公共服务设施研究近年也出现较多基于人的属性差异、社区差异、空间分异以及供需关联的研究成果[14-16]。不同类型的基本公共服务设施，也有大量专门的研究。特别要指出的是，国内 2010 年以来对基于便利性和步行指数等研究方法对日常生活设施和社区可步行性的研究增多[17-19]。

二是对人的时空行为和需求研究近年来大量涌现。改革开放后经过快速发展，中国逐渐进入新型城镇化发展时期。支持人的城镇化、重视发展质量的城镇化成为城乡规划学科的研究重点。在老龄化、计生政策的变化、韧性安全要求的提高以及追求新的发展增长点的时代背景下，对人的时空行为和轨迹的精细刻画，对满意度和新需求的调研，成为研究领域的新趋势。基于人的行为活动数据，判断真实的生活圈空间领域，已经揭示出复杂城市环境下人的行为时空的复杂性[20-23]。针对特定人群如老人和儿童的时空行为的研究也不断出现[24-25]。同时，快速发展的新技术如新型物流、无人驾驶等已经或将在不远的未来影响公共服务的范围和供给，以及居民出行距离和对公共服务的需求[26]。

然而，这些研究对应的规划要素比较抽象，较少深入涉及城市空间来讨论设施的配置，尽管这些研究方法对发现需求和问题具有实际应用价值，但对除了需求和问题导向还需要目标导向，同时非常强调可操作性的社区生活圈规划方法缺乏支持。目前，对社区生活圈有效的规划实践基本都是行动计划，除了通过行动计划应对群众反映强烈、呼声高的公共设施问题和需求之外，社区生活圈规划作为"规划"，既要有操作性和实施性，还应担负预测未来、发展引导的重要任务。

2018 年以来社区生活圈规划研究渐增。程蓉[27] 通过对 15 分钟社区生活圈的研究提出相应的空间更新手段，旨在 15 分钟步行可达距离内，满足居民日常生活的基本服务，提高社区居民生活的便捷性与舒适性。于一凡[28] 基于国家标准的新动向分析了从传统居住区规划到社区生活圈规划的社会、邻里、物质空间等方面的转变，提出了社区生活圈规划的新要求。黄瓴等[29] 探讨了山地城市社区生活圈的特征并提出了相应的规划策略。

然而，既有规划研究又偏定性，与社区生活圈科学研究的结合不足。因此，加强社区生活圈研究与空间规划的结合十分必要。社区生活圈研究应更紧密结合城市空间，尤其是加强城市日常生活空间载体的研究。目前对城市日常生活空间载体的研究多集中于公共建筑设计、微观城市设计、社区营造和参与领域，对提升微观社区空间活力、促进社区治理具有重要意义，可是比较缺乏统筹视野。社区生活圈并不是抽象的活动范围，也不是抽象的服务供应范围，它是活生生的日常生活空间；社区生活圈也不是简单的微观生活空间的叠加，它是日常生活空间体系。只有加强对全局性的社区生活圈空间体系的研究，才能有效指导社区空间实践，才能加强对具体微观事务的体系支持，以利于未来长远发展。

社区生活圈规划方面，理论方法、操作机制及实施手段等方面未形成成熟的体系，甚至出现对这一理念的误读或认知偏差[30]。社区生活圈作为规划理念，之所以在落实上出现争议，原因就在于从理念到落实之间还缺乏扎实的空间研究。承担人们物质和文化需求的现实日常生活空间到底是怎样的？效益和质量如何？只有回答了这些问题，该规划理念在落实时才会减少争议，相应规划方法才会更成熟。日常生活空间体系和社区公共设施供给体系、人的时空行为和需求研究互相促进，共同推动社区生活圈规划和治理。见图0.3。

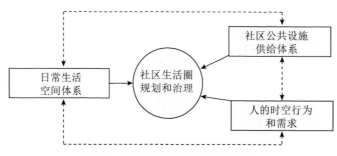

图 0.3　社区生活圈研究与规划的关系

0.5

圈内圈外：与城市联动发展

社区生活圈是嵌入在城市中的日常生活空间系统。如果十分狭隘地理解社区生活圈，实践就可能出现画地为牢、故步自封式的教条主义，陷入夸大其词却无法做到的窘境或者视野受限、被困难束缚住手脚的两种极端情况。对于社区生活圈，应基于城市整体视角对其加以认知，规划建设实践也应充分结合其所在的城市综合环境进行营建。

1）社区生活圈形成的特征

对社区生活圈的需求来自人，因此人的社会经济属性及其在城市空间中的结构，极大影响社区生活圈的需求端。社区生活圈要素的供给端，则与地方相关主体及其供给能力有关，其中涉及行政体系、市场状况以及社会环境等众多综合因素。社区生活圈作为日常生活空间体系，更与城市的空间历史演进、多层次多维度的物质空间和社会空间结构、各类设施要素供给体系等密切相关。不结合社区生活圈所在城市的具体情况，就无法精准认知社区生活圈。

2）社区生活圈发挥的效用

社区生活圈发展，最基础的效用就是满足人民群众的基本公共服务、生活服务和日常休闲等基本需求。新时代我国社会主要矛盾是人民日益增长的美好生活需要和不平衡不充分的发展之间的矛盾。社区生活圈规划建设，是应对人民群众获取公共服务方面存在不平衡不充分问题的重要抓手。除了供给公益性服务外，社区生活圈还有一个非常重要的效用——经济效用。除了基本公共服务外，社区生活圈还应积极探索当地居民强烈需求的经营性品质提升类服务的供给，如社区商业、养老服务、婴幼儿托育服务、创新孵化等，这既有利于扩大内需、畅通国民经济循环，又有助于推动扩大就业、丰富资源供给方式。因此，优质的服务和空间环境的构建，既吸引人才，又培育人才。社区生活圈发挥的效用绝不局限于"圈内"，多个良好运营的社区生活圈共同构成有魅力的宜居之城。

3）社区生活圈可利用的资源

社区生活圈的营建应利用一切可资利用的资源。应结合基层行政辖区、5—10—15分钟的空间范围和小区管理边界，集约、高效地利用可承载各级各类服务设施、公共空间的土地，置入专业运营的功能，切实提供适宜的服务和高质量的空间环境。物质空间资源方面，高等级的城市级公共设施、公园绿地一样可以为周边社区提供在地化服务；社会资本方面，更要注重圈内圈外的联动以拓宽社会资本网络，为多渠道获取服务供给所需的财务、人力和行政资源；应基于破圈合作的协同发展理念，不断加强社区生活圈的在地主体能力建设，内外联动，上下结合，推动社区生活圈的持续长效发展。

0.6
本书结构

第一章基于多源信息进行了全局视角下的社区生活圈空间特征研究，研究结果呈现了社区生活圈空间特征的复杂性。居民的日常生活实践、城市的发展历程、地区的属性特征、社区公共服务设施的供给体系之间，呈现出复杂的互动关联。需要认识到，在一个时间断面上进行社区生活圈规划，必须充分了解该地区的历史、空间条件、人口、生活圈要素现实条件和发展前景。对居民日常生活空间感知的调研，揭示了居民日常生活感知的空间与规划意图可能存在的错位；基于多维度的城市空间信息，对社区生活圈主要依托的基层行政单元——街道，进行了属性特征分析；基于开源地图兴趣点数据，对社区公共设施空间布局特征与服务能级进行分析，不同行政区的情况存在差异；基于手机信令大数据，对居民出行的日常生活圈空间形态特征进行呈现，分析相关影响因子。

全局视角下的研究揭示出社区生活圈空间的复杂性和丰富性。社区生活圈规划，必须结合城市空间结构，全局系统与局部要素相结合，才能提升社区生活圈规划建设的科学性和有效性。

第二章首先提出应在区域层面联动发展，然后提出与不同规模的行政辖区相衔接，继而给出了在三个最基本的条件（人口密度、主体功能、年龄结构）差异下进行社区生活圈规划的要点。

第三章到第五章分别侧重社区生活圈体系中三个重要的方面——社区中心空间、社区公共空间和生活性街道。社区生活圈高品质发展，离不开这三方面的持续优化，它们都是人们日常生活的重要空间载体。

第三章聚焦社区中心，首先选取南京一个跨越老城内外、历经长久发展拥有不同时代住区的行政区，研究了社区中心空间类型、服务效益和生成机制；接着选取一个新区，对21世纪以来占据主流地位的集中用地模式的社区中心，进行了规划实施评估和使用者调研；最后从社区中心空间结构、用地管理、设计品质和用途兼容等方面提出了引导。

第四章聚焦社区公共空间，首先基于南京全域空间数据，评估了社区公共空间的服务效益，地区之间在人均指标和可达性方面存在差别；进而对社区公共空间形态及15分钟覆盖范围内的城市空间属性进行了数据聚类研究，反映出社区公共空间嵌入城市中的特征规律；最后基于特征规律的认识，对几类低效益街道给出了社区公共空间优化引导。

第五章聚焦生活性街道——居民日常生活实践必经的城市线形空间，指出社区公共设施空间布局的集聚性、连接社区公共设施的步行指数、人流活力等指标反映出其属性特征的差异；进一步关注街道活力和街道形态的关系，基于一个生活性街道丰富的街道辖区研究，运用形态学理论分析街道活力和建筑空间组构的关系，并对建筑组构进行空间品质评估；最后对提升生活性街道品质和活力给出了引导。

第六章介绍作者团队分别在老城区和新城区进行的社区生活圈优化规划创新探索。老城区社区生活圈优化规划，是作者在规划管理部门牵线下与基层社区合作的成果，立足当地社区空间特征，运用社区参与方法，应对急难愁盼、呼应强烈需求，体现了近远期结合的规划，表现为空间规划和行动项目策划的结合，可以看作是以社区生活圈为主要内容的社区规划。第二部分选了一个增存并举的新城区，从社区生活圈的空间体系看，其详细规划本身具有不少优点，该部分对这些优点进行了介绍；接着基于未来更高品质的发展要求，对社区生活圈要素体系进行了优化规划；最后对促进社区发展的详细规划体系提出几点思考。

1

第一章 | 城市全局视角下社区
生活圈空间特征研究

1.1 居民对日常生活空间的感知

1.2 街道辖区多维属性特征

1.3 社区公共设施空间布局特征与服务能级

1.4 居民日常生活圈空间形态特征与影响因子

1.5 规律和理想

1.1

居民对日常生活空间的感知

社区生活圈的主旨就是服务于人，因此针对居民的调研是十分重要的。一般社区生活圈规划首要展开的任务就是调研居民对于生活圈要素的满意度和需求情况。与这些针对要素的居民调研不同，本研究希望了解居民使用社区生活圈要素的日常生活空间形态，因此更关注居民对日常生活空间的感知。

笔者于 2021 年上半年在南京市开展了网络问卷调研，设置了两方面的问题：一是居民日常使用的空间类型，意在把握居民日常使用空间的形态及时间感知，以研判居民社区生活圈范围内的活跃空间；二是居民日常生活空间品质的满意度评价，意在把握社区生活圈空间系统的品质发展水平，重在研判短板之处。

1.1.1 居民对日常生活空间形态的感知

为了解居民为满足日常生活需求经常使用服务设施的空间形态，问卷设置了"以周边街道为主、以去集中中心为主和两者都经常使用"3 种选择。居民仅可选择其中一类空间，居民还需回答直观感受满足日常需求的空间步行距离主要在 15 分钟内还是15 分钟外。该问卷共回收了 521 份有效回答。

统计结果显示，相较于社区公共设施集中布局的中心空间，周边街道空间更为居民所常用。在时间感知上，3 种选择情况下，活动空间超出 15 分钟范围的比例都高于 15 分钟范围内的比例，显示居民主观的时间感知较长；而选择以周边街道为主满足日常需求的情况下，15 分钟内满足生活需求的比例比其他两种情况都更高。总体上，居民周边的日常空间体系比规划设置的设施中心发挥更重要的作用。见图 1.1。

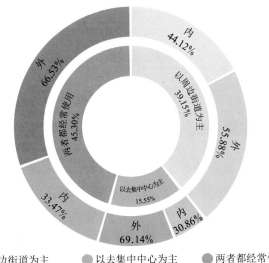

以周边街道为主   以去集中中心为主   两者都经常使用
内：活动空间在15分钟范围内   外：活动空间超出15分钟范围

图 1.1　日常生活空间形态问卷结果

1.1.2　居民对日常生活空间品质的评价

为了解居民对日常生活空间品质的评价状况，问卷设置了空间便利性、空间选择性、空间安全性、功能适宜性、空间舒适性和空间文化体验6个方面的评价选择，并区分老人、中年、青年、儿童少年、家庭(集体出行)和残疾人6类人群的评价。评价分五级：不满意、较不满意、一般、较满意、满意。问卷中给出空间便利性、空间选择性、空间安全性、功能适宜性、空间舒适性和空间文化体验6个方面的评价提示。

空间便利性是指满足日常生活需求的空间可达的程度；空间选择性是指空间功能的丰富度以及同种功能空间的多样性程度；空间安全性是指综合考虑治安、道路质量、交通、照明等情况进行安全评价；功能适宜性是指配置功能的规模、价位、服务质量是否符合当地居民需求；空间舒适性是指空间设施、环境的舒适宜人性；空间文化体验是指艺术、历史、地方性特征在空间内可否被感知。该问卷上述6个问题分别回收了2 034、2 012、2 013、2 001、1 978、1 922份有效回答。

整体而言，居民日常生活空间满意度评价较好，各指标"满意＋较满意"占比均在60%以上。"不满意＋较不满意"占比较少，然而却是值得关注的，这些不满意正代表了社区生活圈空间发展不平衡不充分的问题，其中也包含了品质提升方面的强烈需求没有得到满足的情况。"不满意＋较不满意"的评价百分比由高到低的指标是空间文化体验、空间选择性、空间便利性、空间舒适性、功能适宜性、空间安全性。见图1.2。

负向评价中，残疾人、老人和家庭的日常生活空间品质满意度较差，需引起高度关注。大部分群体对空间文化体验的负向评价为其各类评价之首，对未来日常生活圈空间特色引导应被充分重视。家庭、青年人对空间选择性的负向评价也较高，对于城市未来发展来说，家庭友好、青年人友好是非常重要的议题，如何增强这些群体获取设施的选择性值得深思。见图1.3。

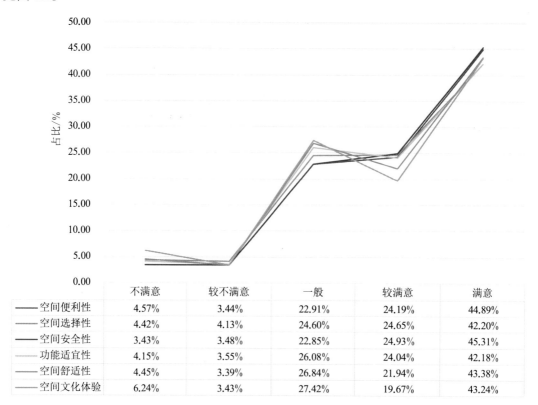

	不满意	较不满意	一般	较满意	满意
空间便利性	4.57%	3.44%	22.91%	24.19%	44.89%
空间选择性	4.42%	4.13%	24.60%	24.65%	42.20%
空间安全性	3.43%	3.48%	22.85%	24.93%	45.31%
功能适宜性	4.15%	3.55%	26.08%	24.04%	42.18%
空间舒适性	4.45%	3.39%	26.84%	21.94%	43.38%
空间文化体验	6.24%	3.43%	27.42%	19.67%	43.24%

图 1.2　6 项指标的总体满意度情况

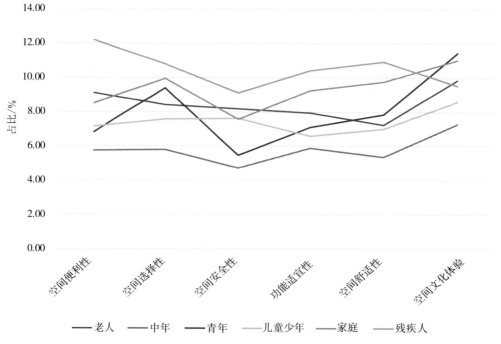

图 1.3　不同人群负向评价的比较

1.1.3 小结

中国在改革开放之后，基本公共服务经历由计划经济时期的单位供给体系向政府主导的社会化转型，政府服务职能的转变极大地推动了公共服务的供给。21 世纪以来，中国政府更加高度关注民生福祉，并积极探索多元主体供给优质公共服务的机制。从我们对南京市城市居民的调研情况来看，群众对于日常生活空间的满意度达到了较高水平，但是不平衡不充分发展的问题仍然存在，群众对于空间品质提升的需求也日渐强烈。

居民获取社区服务的日常空间形态，呈现出与规划意图一定程度的错位。居民的日常生活实践、城市的发展历程、社区公共设施的供给体系之间，呈现出复杂的互动关联，反映出多角度研究的必要性和重要性。

1.2

街道辖区多维属性特征

《中华人民共和国地方各级人民代表大会和地方各级人民政府组织法》（2015 年修正）明确指出，地方各级人民政府是地方各级人民代表大会的执行机关，是地方各级国家行政机关；地方各级人民政府分别实行省长、自治区主席、市长、州长、县长、区长、乡长、镇长负责制；市辖区、不设区的市的人民政府，经上一级人民政府批准，可以设立若干街道办事处，作为它的派出机关。因此，街镇对城市基层社会经济发展和社区治理起到十分重要的作用，也是社区生活圈优化完善实际操作的工作单元。一些城市进行了与控制性详细规划单元相结合的社区生活圈划定工作，其划定很重要的依据之一就是街道行政边界。尽管人们的实际日常生活圈与街道行政管理边界不完全是一回事，但是街道作为基层行政派出机关，对于社区生活圈要素尤其是公益性的、基本公共服务设施要素的建设实操具有决定性作用，对于属地内经营性设施的发展也具有重要的影响。从规划与建设运维实操相结合的角度，对街道辖区空间属性的深入认知，是进行社区生活圈规划建设的重要前提。

南京市共有 11 个区。拥有老城区的三区是玄武区、鼓楼区和秦淮区，其城镇化率都达到 100%，常住人口毛密度也都超过 1 万人 /km²；位于老城外的三区是建邺区、雨花台区和栖霞区，其城镇化率差异较大，建邺区城镇化率达到 100%，另两区还有农村人口，三区常住人口毛密度超过 0.1 万人 /km²；再向外围的五区均有涉农街镇，城镇化率差异较大，常住人口毛密度都小于 0.1 万人 /km²。从各区平均街道常住人口数来看，大多数区的街道常住人口平均数位于 5 万~10 万人的区间；江宁区的街道常住人口平均数较高，达 12 万人；外围五区的一些街道人口规模很大甚至可达 20 万~40 万人。

本研究剔除 7 个不纳入人口统计的单元如监狱及一些园区、农场、林场，选取了 102 个街道辖区作为分析单元，对与社区生活圈最密切相关的属性进行分析：①空间属性——区位、人口密度以及轨道交通站点影响等；②形态属性——道路网密度；③功能属性——主导的用地功能；④社会属性——居民户籍结构、年龄结构等。本研究数据来自 2020 年获取的规划文件中的人口数据、第七次全国人口普查（"七普"）分街道数据以及 2017 年南京市控制性详细规划用地现状数据以及其他开源信息。

1.2.1 空间属性

即便在主城六区，街道的人口密度差异还是比较大的，超过 3 万人 /km² 的高人口密度街道数量、1 万~3 万人 /km² 的中等人口密度的街道数量与小于 1 万人 /km² 的低人口密度街道数量几乎平分秋色。2017—2020 年，高人口密度街道数量略增加，低人口密度街道数量略减少。外围五区均为涉农区，生态保育用地为主的街道数量远高于城镇建设用地集中的街道，尽管数量前者在减少、后者在增加。见表 1.1。

表 1.1　区位与常住人口密度状况

年份	主城六区街道								外围五区街道			
	≥3 万人 /km²		2 万~ <3 万人 /km²		1 万~ <2 万人 /km²		<1 万人 /km²		城镇建设用地 集中街道		生态保育为主 街道	
	个数	占比	个数	占比	个数	占比	个数	占比	个数	占比	个数	占比
2017	15	14.7%	6	5.9%	11	10.8%	21	20.6%	8	7.8%	41	40.2%
2020	19	18.6%	5	4.9%	11	10.8%	18	17.6%	16	15.7%	33	32.4%

本研究还计算了各街道受轨道交通站点影响的状况。参考《城市轨道沿线地区规划设计导则》，轨道站点核心区指距离站点 300~500 m，与站点建筑和公共空间直接相连的街坊或开发地块；轨道交通影响区指距离站点 500~800 m，步行约 15 分钟以内可以到达站点入口，与轨道功能紧密关联的地区。因此计算轨道交通站点影响范围选择 300 m、500 m、

800 m 三个层级，影响面积系数分别为 1、0.5、0.3。考虑普通站点与换乘站点的影响程度不同，设置 2 线路换乘站点影响面积系数为 1.5，4 线路换乘站点影响面积系数为 2，由此计算各街道受到轨道交通站点影响用地占比。

A（街道普通地铁站点影响面积）= 300 m 影响面积 ×1+500 m 影响面积 ×0.5+800 m 影响面积 ×0.3   式（1.1）

B（街道 2 线路换乘站点影响面积）=（300 m 影响面积 ×1+500 m 影响面积 ×0.5+800 m 影响面积 ×0.3）×1.5   式（1.2）

C（街道 4 线路换乘站点影响面积）=（300 m 影响面积 ×1+500 m 影响面积 ×0.5+800 m 影响面积 ×0.3）×2   式（1.3）

受地铁站影响占比 =（$A+B+C$）/ 街道面积 ×100%   式（1.4）

将现状地铁站影响占比分为 4 个层级：轨道交通无影响街道（占比为 0）、轨道交通一定影响街道（占比为 >0~<20%）、轨道交通较高影响街道（占比为 20%~<50%）、轨道交通高影响街道（占比为 ≥50%）。

将规划地铁站影响占比与现状地铁站影响占比相减，得到其变化情况：① 无变化；② 增加 0~<20%，规划轨道交通影响略增强；③ 增加 20%~<50%，规划轨道交通影响增强程度高；④ 增加 ≥50%，规划轨道交通影响增强程度很高。结果见表 1.1 和表 1.2。南京市 65.7% 的街道受轨道交通影响，其中 25% 受较高影响；未来随着轨道交通的继续建设，还将有超过一半的街道受影响将增强。见表 1.2。

表 1.2   街道受轨道交通站点影响状况

现状地铁站影响占比								规划与现状地铁站影响占比变化							
轨道交通无影响街道		轨道交通一定影响街道		轨道交通较高影响街道		轨道交通高影响街道		无变化		规划轨道交通影响略增强		规划轨道交通影响增强程度高		规划轨道交通影响增强程度很高	
个数	占比	个数	占比	个数	占比	个数	占比	个数	占比	个数	占比	个数	占比	个数	占比
35	34.3%	41	40.2%	13	12.7%	13	12.7%	43	42.2%	21	20.6%	16	15.7%	22	21.6%

1.2.2 形态属性

城市居民接触社区生活圈要素，是通过道路交通系统，步行出行更是与道路网密度密切相关。《城市居住区规划设计标准》（GB 50180—2018）推荐城市街区路网密度不小于 8 km/km²；《城市综合交通体系规划标准》（GB/T 51328—2018）也指出居住区的路网密度不宜小于 8 km/km²，商业和就业集中的中心区路网密度宜为 10~20 km/km²，工业区和物流园区也宜大于 4 km/km²。综上，将现状城镇建设用地的路网密度分为 5 层级：低路网密度街道（<4 km/km²）、较低路网密度街道（4~<6 km/km²）、较适宜路网密度街道（6~<8 km/km²）、适宜路网密度街道（8~<10 km/km²）、致密路网密度街道（≥ 10 km/km²）。

唯一致密路网密度的街道位于城南历史城区，适宜路网密度街道绝大多数位于老城内，较适宜路网密度的街道主要分布在主城内以及主城外的城镇建设用地集中地区。然而，较低路网密度街道超出 50%，低路网密度街道也达 15.7%。总体上，路网密度的情况与城市建设发展历史有关，也与街道用地功能构成有关。见表 1.3。

表 1.3　街道辖区中建设用地的路网密度

低路网密度街道		较低路网密度街道		较适宜路网密度街道		适宜路网密度街道		致密路网密度街道	
个数	占比	个数	占比	个数	占比	个数	占比	个数	占比
16	15.7%	53	52.0%	24	23.5%	8	7.8%	1	1%

1.2.3　功能属性

研究数据显示，非建设用地（水域、农林用地及其他非建设用地等）在街道辖区占比超过 60% 的街道约 40%，这些街道基本都是涉农街道，分布于主城边缘区或外围五区。对于这些街道，乡村社区生活圈的发展和城镇社区生活圈的发展，需要基于城乡统筹的视角研判其城镇化人口流动的趋势，进而建立起符合当地的要素融通的社区生活圈空间结构。

对于建设用地主导的街道，数据显示服务功能用地主导（A、B 类用地占建设用地比例超过 30%）的街道约占 20%（占总体的 11.8%），主要分布于老城内；工业功能用地主导（M、W 类用地占建设用地比例超过 30%）的街道约占 8.3%（占总体的 4.9%），主要分布于主城边缘或沿长江；大多数为功能相对混合的街道。见表 1.4。

表 1.4　街道辖区的主导用地功能

非建设用地主导街道		建设用地主导街道					
		服务功能主导街道		工业功能主导街道		混合功能的街道	
个数	占比	个数	占比	个数	占比	个数	占比
42	41.2%	12	11.8%	5	4.9%	43	42.1%

社区生活圈要素服务于城市居民，但却不仅仅分布于居住用地中的服务设施用地（R12、R22、R32）。需要配套建设的公共设施根据情况可以分布于 A 类用地即公共管理与公共服务设施用地，也可以分布于 B 类用地即商业服务业设施用地。街道办事处作为基层行政区政府派出机构，在协调各类用地发展、协同辖区内各种资源，以促进社区生活圈的共建共治共享方面，是重要的属地政府权威型主体。和 A、B 类用地一样，M 类用地即工业用地、W 类用地即物流仓储用地也承载重要的经济社会功能，劳动力、资金、信息和服务这些用地和居住用地之间频繁流动，这些用地的可持续发展与社区生活圈具有重要的互动关系。

1.2.4 社会属性

依据"七普"分街道数据，将居住本乡、镇、街道且户口在本乡、镇、街道人口的人口数除以常住人口数，若该值超过70%，则被认为是以户籍人口为主的街道；若该值小于30%，则被认为是外来常住人口为主的街道；剩下来的是混合型街道。数据显示，以户籍人口为主的街道大量位于外围五区，说明南京大量的涉农街道以承担本地户籍居民的就地城镇化职能为主；以外来常住人口为主的街道少，主要位于主城边缘的城乡接合部，并都有大型保障型住房集聚于此；73.5%的街道为两种人口混合的状况。见表1.5。

表 1.5　街道常住人口的户籍状况

以户籍人口为主的街道		以外来常住人口为主的街道		户籍人口和外来常住人口混合的街道	
个数	占比	个数	占比	个数	占比
27	26.5%	3	2.9%	72	70.6%

常住人口中，按照60岁以上老年人口占总人口的比例，可以将街道划分为5种类型：① 未老龄化街道，60岁以上人口占总人口比重低于10%；② 轻度老龄化街道，60岁以上人口占总人口比重为10%~<20%；③ 中度老龄化街道，60岁以上人口占总人口比重为20%~<30%；④ 重度老龄化街道，60岁以上人口占总人口比重为30%~<35%；⑤ 深度老龄化街道，60岁以上人口占总人口比重≥35%。数据显示，仅有2%的街道尚未达到老龄化；超过一半的街道老龄化程度为中度，轻度老龄化的街道也超过30%；重度及以上的老龄化程度街道超过13%，其中之一位于老城的城南历史城区，其余均位于外围远郊的三区。见表1.6。

表 1.6　街道的老龄化状况

未老龄化街道		轻度老龄化街道		中度老龄化街道		重度老龄化街道		深度老龄化街道	
个数	占比	个数	占比	个数	占比	个数	占比	个数	占比
2	2.0%	33	32.3%	53	52.0%	11	10.8%	3	2.9%

社区生活圈是直接服务于人的，街道人口的社会属性数据显示，对非本地户籍的外来人口的需求及诉求要高度关注，严峻的老龄化态势也使得养老保障类的服务设施至关重要。

1.2.5 小结

城市政府作为基本公共服务空间载体的供给责任主体以及品质提升类服务设施的主要引导型主体，需要对于辖区的空间、形态、功能、社会等多维属性加以全面了解；街镇基层政府，更对具有强烈属地化特征的社区生活圈发展负有不可推卸的责任，对社区生活圈所依托的多维空间属性加以了解，有助于更精准地推动社区生活圈发展。

南京作为一个特大型城市，具有悠久的发展历史，改革开放以来在城镇化驱动下，形成的城乡空间格局具有一定的典型性，在最新版本的总体规划中，提出了南北田园、中部都市、拥江发展、城乡融合的城市空间格局发展愿景，社区发展也呈现出丰富多彩的特征。本节对街道空间单元的多维属性数据研究表明，不同街道的空间、形态、功能、社会属性具有一定的共性，表现出受特定发展趋势的影响，更呈现出值得关注的差异，是发展驱动力和本地化因素相结合的结果。

空间属性和形态属性的研究启发在于，街道辖区范围内人口密度分布、道路建设、轨道交通的影响不均衡，即便是街道内的社区生活圈建设，也需要再精细化地深入研究其依托的空间载体。功能属性研究结果则显示，不同街道所依托的用地资源及其上的主体资源存在差异，各街道应构建适合各自的多元主体合作机制，如南京某些街道有大型科研机构或大单位占据大量用地，合作状况直接影响社区生活圈可依托资源的丰富性。社会属性研究结果进一步显示出当前人口流动的大趋势，在当前各城市的"抢人大战"中，社区生活圈的营建对于增加城市吸引力具有极为重要的作用；而老龄化程度的状况则凸显出适老化和养老服务在社区生活圈中的重要性。

1.3
社区公共设施空间布局特征与服务能级

1.3.1　研究方法

1）社区公共设施空间布局特征研究方法

互联网电子地图的兴趣点（Point of Interest，POI）数据为全面了解不同类别设施的地理空间分布提供了数据基础。本研究基于开源 POI 数据，从中筛选出反映社区公共设施功能的兴趣点，进而对其进行空间分析。按照我国基本公共服务和南京市地方标准的要求，首先遴选基本公共服务设施如行政、文化、教育、体育、医疗、福利设施。随着社会经济发展水平的提高，品质提升型设施也逐渐被要求根据地方需求情况纳入配置引导。由市场供应的社区生活服务和商业服务设施，为居民扩大了服务的选择性和便利性，一些新型便民服务如快递物流更是疫情常态化下的重要设施。最终从 POI 数据中筛选出涉及公共管理与公共服务、文化、教育、体育、医疗、养老、餐饮、购物、金融邮电、生活服务、绿地广场、交通出行设施的 12 类设施。

综合考虑设施服务人群广泛性、服务质量和便利性的侧重、步行敏感性、服务公共性、生活必备性，运用层次分析法进行权重赋值。首先，在大类层次进行权重设定，将全人群高频使用的距离敏感设施，设定为比规模或服务质量敏感设施如教育、医疗和养老设施稍微重要。然后，在各大类内部进行小类权重设定，5 分钟公共设施（含准公益设施）比 5 分钟非公共设施稍微重要，5 分钟非公共设施与 10~15 分钟公共设施同样重要，10~15 分钟公共设施比 10~15 分钟非公共设施比较重要。赋值结果在 100 m × 100 m 渔网中进行空间呈现。见图 1.4。

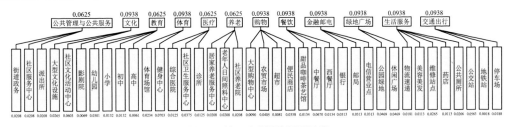

图 1.4　社区公共设施权重赋值

由于南京各区的发展历史有较大差异，故社区公共设施空间特征分析基于行政区及以下街道辖区进行。首先在行政区范围，通过区位商判断设施在各个街道的分布态势，值大于 1 说明该街道内设施超过平均水平，值越高说明该区内该街道分布的设施越多。进而计算全局莫兰指数，判断是否存在空间形态上的集聚；如果存在，则计算局部莫兰指数，判断渔网单元之间的空间自相关关系。高高（HH）关联区为具有集聚空间特征的区域；高低（HL）关联区是因区内值高而周边值低所形成，也是一处设施集聚空间。低高（LH）关联区、低低（LL）关联区与统计不显著区域对分析空间集聚特征无意义。

2）社区公共设施服务能级研究方法

社区公共设施服务能级，应基于居民获取服务的视角进行测算。以居住地块为计算单元，在构建的现实交通路网模型上，从地块质心出发构建 15 分钟步行出行区，然后计算区内设施点的混合度和便利度，将计算结果赋值于居住地块。通过对比各区居住地块对应的数值，可综合判断该区的社区公共设施服务能级。

混合度基于 12 类 POI 数据，采取信息熵计算方法，公式为：

$$H = -\sum_{i=1}^{N} P_i \times \ln P_i \qquad 式（1.5）$$

$$P_i = A_i / A = A_i / \sum_{i=1}^{N} A_i \qquad 式（1.6）$$

式中 H 为信息熵，$N=12$，P_i 为第 i 类设施数量。信息熵的值越高，表明生活设施类型越多，各功能类型的数量相差越小，功能分布越均衡。根据公式可知，当 12 类 POI 数据均等分布时，信息熵达到最大值 ln12，约等于 2.48。

便利度指数等于步行出行区内各类设施便利性权重的总和，其计算模型为：

$$CDL = \sum_{j=1}^{N} W_j \qquad 式（1.7）$$

式中 W_j 为某大类设施的便利性，$N=12$。

$$W_j = \sum_{i=1}^{N} \left[(1-d) \times Q_i \right] \qquad 式（1.8）$$

式中 i 为 j 大类中的某小类，Q_i 为对应该小类的权重值，d 为距离衰减系数。距离衰减系数 d 为分段函数，当居民获取设施步行距离小于 300 m（5 分钟）时，$d=0$；当距离大于等于 300 m 且小于 600 m（10 分钟）时，$d=0.25$；当距离大于等于 600 m 小于 1 000 m（15分钟）时，$d=0.5$。

1.3.2 社区公共设施空间布局特征

所有行政区范围内，社区公共设施在各街道的分布都表现出不均衡的态势，只是这种不均衡的具体态势随不同行政区而异。以拥有部分老城区的玄武区为例，该区新街口街道分布着南京市级中心的四分之一，该街道人口密度很高，区位商也达到惊人的 8.31；而中心向外、越靠近主城边缘的街道区位商越低。近郊的行政区——栖霞区，迈皋桥街道分布着地区级中心，其区位商超过 6，而最外围的涉农街道的区位商则很低。位于远郊的溧水区，乡村地域更广，相较于前两个区，区位商最明显的变化是大于 1 的街道数明显变少，仅有 2 个，其他街道的区位商均低于 1。见表 1.7。

表 1.7　三个行政区的分街道区位商

玄武区 分街道区位商			栖霞区 分街道区位商		溧水区 分街道区位商	
新街口街道		8.31	迈皋桥街道	6.25	永阳镇	4.25
梅园新村街道		2.24	尧化街道	2.42	柘塘镇	1.23
玄武门街道		2.16	仙林街道	2.29	洪蓝镇	0.80
锁金村街道		1.58	马群街道	2.50	石湫镇	0.63
玄武湖 街道	西	0.93	燕子矶街道	1.85	东屏镇	0.49
	东	0.30	西岗街道	0.61	白马镇	0.44
红山街道		0.67	栖霞街道	0.61	晶桥镇	0.32
孝陵卫街道		0.58	龙潭街道	0.20	和凤镇	0.31
—			八卦洲街道	0.14	—	

这些行政区的所有街道的全局莫兰指数计算均显示出设施分布具有集聚性。经过局部莫兰指数的计算，呈现的社区公共设施空间自相关结果见图1.5。结果显示，社区公共设施空间并不呈现绝对清晰的集聚层级化结构；近郊区由原来的城乡接合部发展而来，空间结构相对杂乱，结构最不清晰。社区公共设施在不同位置集聚，呈现出簇群、线形、斑块、点状形态。点状集聚即单个 HL 或高中值单元格，在全域均有分布；若干 HH 单元格集聚而成斑块形态；若干 HH 单元格也可集聚成线形形态；簇群形态是线形与斑块的结合，多条线形鱼骨状相互交错并串联起多个斑块。

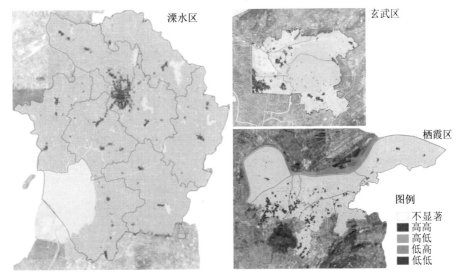

图 1.5　基于局部莫兰指数的三个行政区的社区公共设施空间自相关分析

簇群形态一般出现在位于城市中心、地区中心和远郊城乡区域中心的街道。线形形态在中心城区、近郊区主要出现在一些人口密集的老社区，主要沿城市次干道或支路布局；在远郊区主要出现在乡镇区域的公路沿线。斑块形态最多，斑块面积有大有小，大的多为规划的集中型社区中心或商业中心，小的则大量散布于居住用地及周边的公共设施或商业设施用地中。

1.3.3　社区公共设施服务能级

除了上述提到的拥有部分老城区的玄武区、近郊的栖霞区和远郊的溧水区外，本章的研究还增加了另一个远郊的高淳区以及两个新区进行数据比较。这两个新区并不对应单个行政区，河西新城区是 20 世纪 90 年代后期在老城以西逐渐发展起来的新区；江北新区则是 2010 年以后进入发展快车道，这两个新区建设都高度重视公共设施配套建设。

各区无论是混合度还是便利性数值，都呈现出按 5—10—15 分钟低值居住地块数逐渐减少、高值居住地块数逐渐增加的态势，说明总体上 15 分钟范围内获得的设施混合度和便利性状况普遍好于 5 分钟、10 分钟。见图 1.6 和图 1.7。

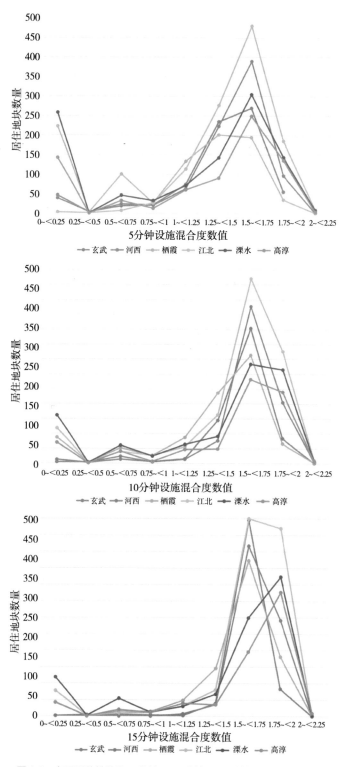

图 1.6　各区居住地块的 5 分钟、10 分钟、15 分钟设施混合度比较

　　　　　　　　　与城市联动的社区生活圈研究与规划

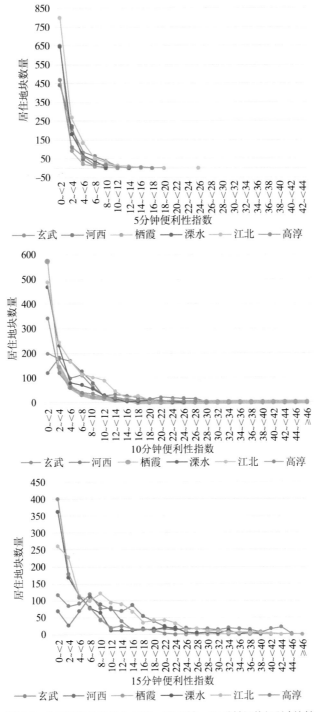

图 1.7　各区居住地块的 5 分钟、10 分钟、15 分钟设施便利度比较

　　在老城及老城边缘发展起来的玄武区，和较早开发建设的河西新区，在数值表现上都是低值居住地块数量最少、高值数量较多，尤其是 10 分钟、15 分钟的低值地块数量很少。两区的 10 分钟、15 分钟便利性曲线与其他区差异十分明显，因为中高值地块数量多。两

者比较，玄武区的 10 分钟、15 分钟便利性中值少于河西新区，而 10 分钟、15 分钟便利性高值多于河西新区。

近年发展起来的江北新区，则呈现一种比较特殊的情况。混合度方面表现最优异，中高值地块数量都是最多的，尽管其 10 分钟、15 分钟低值地块也比较多。便利性方面，其 5 分钟、10 分钟、15 分钟便利性曲线变化最大，即 5 分钟低值多，但 10 分钟、15 分钟便利性改善十分明显，说明其 10 分钟、15 分钟层级的设施配套优于 5 分钟设施配套。

近郊的栖霞区，其混合度数值表现在中值方面优异，但是低值地块多，高值地块少。从便利性曲线来看，10 分钟、15 分钟曲线并没有明显改善。

远郊的高淳区和溧水区，在混合度方面，表现出最极端的高值地块多、低值地块也多的情况。便利性曲线类似栖霞区，10 分钟、15 分钟曲线并没有明显改善，总体表现是低值地块数多。

1.3.4 小结

社区公共设施空间布局一方面明显受时代性的空间形态、规划理念和管理的影响，另一方面人口密度、道路交通等城市结构性因素的影响也不可忽视。

历时悠久的建成地区，主要分布于位于城市中心的老城，主城边缘、外围五区的早年城关镇所在地也属于此类。早期形态平面格局以小规模地块为主，在高人口密度支撑下很容易发展出密集的社区设施，在若干轮空间改造中也便于转换功能，高值连续分布形成簇群集聚形态。

20 世纪 80 年代和 90 年代早期建设的住区是从福利住房向商品住房过渡时期建设的住区，具有典型的时代特征：多个小型住宅组团，"成街成坊"依次建设；多采用当时流行的"通而不畅"道路格局，在腹心沿街设置商铺以适应市场经济；公益性设施规模不大，但尚未受市场排斥。这种不规则空间形态极易催生具有显著设施集聚性的生活街道。涉农街道的乡镇地区，人口总量规模小但相对集中分布于面积不大的建成区，对于这些地区而言，乡镇公路既起到交通作用，也是重要的设施集聚空间，线形形态出现较多。

20 世纪 90 年代后期，商品住房在当时的城市边缘和郊区快速建设起来，其时社区公共设施供给依赖"谁开发、谁建设"，规划管理尚未充分重视空间布局，建设管理也没有重视公益性设施的保障，导致设施规模缩水、空间布局无序。这种无序状况在城乡接合部边缘地带更为常见，边缘地区由于高速、铁路、山水、城乡二元等因素，存在用地割裂、联系不畅的问题。因此，这些地区设施集聚更不规则，设施密集处可能形成多个斑块，设施较少处则散布多个点状小中心。

2006 年南京出台新的公共设施配建标准《南京新建地区公共设施配套标准规划指引》，强化社区中心用地的管控，以此保障公益性设施，要求建设时序及时跟进。街道级社区中心用地本身规模较大（2~4 km²），市场也会在其周围布局一定量的商业设施，催生了一些斑块集聚形态；基层社区中心配置规模则较小，产生了一些中值散点布局。其时南京也迎来地铁交通时代，经由大型社区的站点 TOD 开发模式显现；商业综合体的发展也逐渐分化，其中一些综合体侧重社区商业、教育培训等服务功能。在这些因素综合影响下，新城区涌现出较多的斑块集聚形态。

正是在上述综合条件下，老城区和早期建设的新区在设施服务能级上总体表现优异；新区在混合度方面表现尤为优异；近郊区设施服务能级表现总体上稍逊于老城和新区；而远郊区设施服务能级则呈现优劣皆明显的相对极端的表现。

客观认识社区公共设施布局特征和服务能级，其启发还在于，任何一个地区的社区生活圈优化都要基于上述的客观情况。居住地块的设施服务能级曲线存在的差异，是难以简单通过设施的建设让低值区的曲线赶上高值区的；即便高值较多的区，也有低值存在，同样，低值较多的区，也有高值存在。因此，特定地区需要在客观深入地认知自身条件基础上，通过精明的策略追求需求和供给的平衡，不说大话，也不讳疾忌医，才能通过扎扎实实的工作切实提升人民群众的幸福感和获得感。

1.4

居民日常生活圈空间形态特征与影响因子

信息技术的发展为研究大规模人口的时空行为提供了难得的数据条件。孙道胜等[22]学者基于个体行为利用全球定位系统（Global Positioning System，GPS）和活动日志数据，进行社区生活圈的实证测度。刘嫱[31]依据居民个体活动发生场所类型的不同对居民活动时间进行统计，提出基于手机信令数据的圈层识别与计算方法，得出各圈层范围；还有学者应用决策树等机器算法构建估算模型对社区生活圈的范围进行划定[32]。随着多源数据的应用，基于居民行为角度出发的生活圈识别方法越发理性。本研究基于手机信令数据，更注重分析居民的日常生活在城市空间中的体现，表现为具有一定方向和距离的空间形态特征，以更宏观全面的视角考察居民日常活动在城市空间中的特征。在此基础上,通过 CatBoost 算法(详细介绍见第 1.4.1 节)构建模型对影响日常生活空间圈形态类型的因素进行定量分析,了解重要的影响因子。

1.4.1 研究方法

1)手机信令数据处理

手机信令数据能够有效记录居民的活动时间与活动停留点的空间位置,本研究利用南京市 2015 年手机信令数据提取小区居民活动轨迹。在手机信令数据的处理上,参考王德等[23]学者的研究,考虑到居民在工作日与周末行为特征有较大差异,周末居民的通勤活动所占的比例较小,以生活性活动为主,可以更为有效地描述居民生活圈特征。本研究选取 2015 年南京市手机信令数据的一周周末数据作为研究数据。

具体步骤如下:

通过手机信令数据识别住宅小区对应的居民及居民的活动轨迹。综合考虑居民活动现状,针对每一个用户在 0:00—6:00 时间段内的所有记录点,停留时间超过 4 小时的则作为该用户的居住地所在基站,对 7 天手机信令数据重复操作提取居住点集。

以基站站点为分类标准,获取居民停留点集。核密度分析法是一种基于非参数密度估计的空间分析方法,能够将点要素中储存的信息进一步拓展到平面中,这一方法常被用于检测点状样本分布中局部密度变化[33]。在手机信令数据提取 8:00—18:00 各个样本小区居民停留点集的基础上,通过核密度分析,可以更为直观地观察样本小区居民在南京市范围内的地理空间聚散特征,进而为居民日常生活空间圈形态类型研究提供基础。具体公式如下:

$$f(x) = \frac{1}{nh} \sum_{i=1}^{n} K\left(\frac{X - X_l}{H}\right) \qquad 式(1.9)$$

式中 $f(x)$ 为第 x 个样本小区居民停留点的点要素核密度值,$(X-X_l)$ 为居民停留点的点要素 x 到事件 x_l 位置的相对距离,K 为核密度函数,$h > 0$ 为点要素的搜索半径,n 为输入的所有样本小区居民停留点的点要素数量。$f(x)$ 值越大,则说明此处样本小区居民停留点的密度越高。

2)样本小区选取

为了保证选择的样本小区能够覆盖南京市的不同地区,反映不同类型小区生活圈的多样性,本研究在老城区内、老城区外主城区内、主城区外选取达到一定规模且内部较为均质的小区。这些小区的分布区位不同,与轨道交通站点的距离不同,包含南京市现有各种住房类型。小区范围内至少有一个基站,对小区内部数据记录量最大的基站点识别的用户进行分析,用户总量大于 300。经过筛选,符合条件的样本小区共有 130 个。

3）15 分钟步行范围内活动覆盖率

15 分钟步行范围内活动覆盖率，即在 15 分钟步行范围内进行的生活性活动占居民全部生活性活动之比。其计算公式为：15 分钟步行范围内居民活动总数 / 小区居民活动总数。其中，小区居民活动总数即为 8:00—18:00 时间段内手机信令识别的各个样本小区对应的居民数量，15 分钟步行范围内居民活动总数即为 8:00—18:00 各个样本小区在 15 分钟步行空间范围内活动的居民数量，15 分钟步行范围按 1 000 m 计算。

4）CatBoost 算法

CatBoost 是一种基于梯度提升决策树（Gradient Boosted Decision Tree，GBDT）的机器学习方法[34-35]。它通过使用排名提升的方式优化 GBDT，确保所有数据集都可以用于训练和学习，减少了训练的过拟合[36]。CatBoost 算法提出使用有序提升（Ordered Boosting）方法改变传统算法中的梯度估计方式，从而得到梯度的无偏估计，降低估计偏差的影响，提高模型泛化能力。这种新的梯度增强算法，可以成功处理分类特征，并使信息损失最低。

1.4.2 居民日常生活圈空间形态类型及特征

1）日常生活圈空间形态类型

样本小区生活圈的空间形态主要分为 6 类：紧凑圈层、扩展圈层、指向扩展圈层、多指向扩展圈层、扩展圈层（+指向）、蔓延扩展圈层。各类圈层形态类型的主要特征以及模式见表 1.8。

表 1.8　居民日常生活圈形态识别分类

	紧凑圈层	扩展圈层	指向扩展圈层	多指向扩展圈层	扩展圈层（+指向）	蔓延扩展圈层
形态模式						
分类识别描述	居民活动范围识别为小区外至 2 km 以内，向各个方向扩张形状较均匀，圈层间呈现同心圆模式	居民活动范围识别为小区外 2 km 以外，且向外扩张面积较大，向各个方向扩张形状不均匀，但无明显结构性指向	居民活动范围识别为在小区外 2 km 距离外的某个方向有明显结构性指向，如指向城市中心或沿地铁指向	居民活动范围识别为在小区外 2 km 距离外的多个方向有明显结构性指向，如指向城市中心、区域商业中心和地铁	居民活动范围识别为在扩展圈层形态基础上向某一方向显示出明显指向	居民活动范围识别为在扩展圈层形态基础上活动范围形态面积更大，且往往在最外层蔓延圈层内还具有次级圈层

紧凑圈层、扩展圈层和指向扩展圈层是 3 类主要的形态，共占比 87%，代表小区见图 1.8。其中紧凑圈层占比最高，达 34%；扩展圈层和指向扩展圈层的占比紧随其后，分别为 28%、25%。剩下的 3 类加起来仅占 13%。

a.紧凑圈层(玄武区石婆婆巷小区)

b.扩展圈层(建邺区星雨华府)

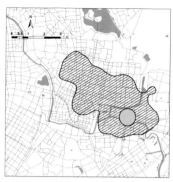
c.指向扩展圈层(秦淮区御水湾花园)

图1.8　3种典型日常生活圈形态的代表小区

2）形态类型的空间分布特征和15分钟步行范围活动覆盖率特征

老城内，紧凑圈层和指向圈层最多；主城内、老城外，紧凑圈层也最多，其次是扩展圈层和指向扩展圈层，扩展圈层基础上指向发展的以及多指向比例相较老城内增加；主城外，则是扩展圈层最多，蔓延扩展圈层也出现在主城外。见图1.9。

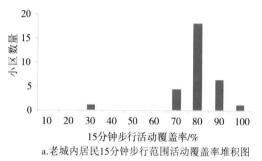
a.老城内居民15分钟步行范围活动覆盖率堆积图

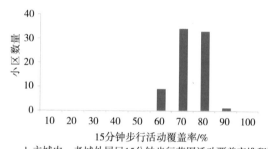
b.主城内、老城外居民15分钟步行范围活动覆盖率堆积图

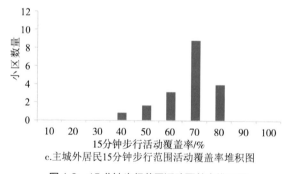
c.主城外居民15分钟步行范围活动覆盖率堆积图

图1.9　15分钟步行范围活动覆盖率堆积图

从样本小区的15分钟步行范围活动覆盖率来看，大于70%的高值占比43%，介于50%与70%之间的值占比54%，小于50%的低值仅占3%；从堆积图上看，其空间分布也具有明显规律，高值分布的态势按老城内，主城内、老城外，主城外依次递减。大于70%的高值，主要出现在紧凑圈层，指向扩展圈层的高值占比位居其次；介于50%与70%之间的值，主要分布于扩展圈层和指向扩展圈层；小于50%的低值，主要出现在蔓延扩展圈层等少数形态的圈层。见图1.10。

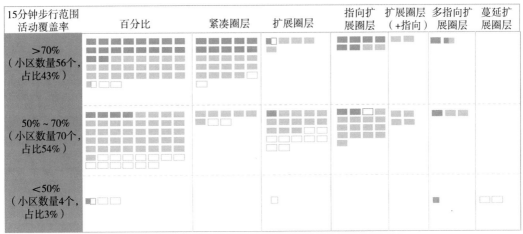

15分钟步行范围活动覆盖率	百分比	紧凑圈层	扩展圈层	指向扩展圈层	扩展圈层（+指向）	多指向扩展圈层	蔓延扩展圈层
>70%（小区数量56个，占比43%）							
50%~70%（小区数量70个，占比54%）							
<50%（小区数量4个，占比3%）							

图例 ■老城内 ■主城内、老城外 □主城外

图1.10 老城内，主城内、老城外，主城外居民日常活动圈形态与15分钟步行范围活动覆盖率百分比交叉分析

3）小结

老城内小区居民日常生活圈类型以紧凑圈层和指向扩展圈层为主，主要在小区周边活动，也受便捷的公交尤其是轨道交通的影响，在特定方向上扩大活动范围；小区居民15分钟步行范围活动覆盖率绝大多数大于80%，仅少数低值，与老城的日常生活设施较为丰富有关。

主城内、老城外居民日常生活圈的扩展圈层比例明显增加，但紧凑圈层和指向扩展圈层比例仍较多，故15分钟步行范围活动覆盖率较老城数值整体下行但仍普遍维持在70%以上，说明主城内、老城外生活圈建设逊于老城，但仍维持一个较好的水平。

主城外居民日常生活圈类型则以扩展圈层为主，紧凑圈层比例明显下降但居其次，其他少数形态类型的圈层也主要出现在主城外。居民15分钟步行范围活动覆盖率绝大多数分布于50%~70%之间，且小于50%的低值区间明显增加。主城外15分钟步行范围活动覆盖率的高值和低值都较多，说明不平衡发展的情况较为突出。

分布于老城内，主城内、老城外和主城外不同区位的小区，居民日常生活圈既存在相似性，也存在较大的分异。其后的城市空间发展历史、公共设施布局、用地功能结构、人口分布情况以及道路和轨道交通等，均可能对居住于此的居民日常生活施加或多或少的影响。

1.4.3 居民日常生活圈空间形态类型的影响因子

居民日常生活圈是其日常活动在空间上的映射。结合相关文献，本研究选取社会经济条件的2个影响因子——人口与房价，以及建成环境的6个影响因子——路网密度、地铁站点距离、房龄、绿化率、公共设施便利度、公共设施混合度，纳入量化分析，见表1.9。

表 1.9　居民日常生活圈形态类型影响因子

影响因子类型	影响因子	量化方式
社会经济条件	人口（Population）	各街道常住人口密度 × 社区面积
	房价（Price）	小区房价数据
建成环境	路网密度（Road）	15 分钟步行范围内的路网长度 / 该范围面积
	地铁站点距离（Subway）	小区质心到地铁站点的直线距离
	房龄（Age）	小区房龄数据
	绿化率（Green）	15 分钟步行范围内的绿地面积 / 该范围面积
	公共设施便利度（Convenience）	$F_{ij} = \sum_{jk=1}^{n} Q_{jk} \times W_{jk}$
	公共设施混合度（Mix）	$H = -\sum_{i=1}^{N} P_i \times \lg P_i$

　　由于紧凑圈层、扩展圈层和指向扩展圈层是 3 种主要类型，其他形态类型数量较少，故最终选取 3 种主要类型的 116 个样本小区数据进行量化分析。将上述影响因子的变量数据标准化后，将 70% 的数据作为训练集，30% 作为测试集。3 种形态下 CatBoost 的 AUC 值分别为 0.64、0.73 和 0.42，因此认为 CatBoost 建立的模型具有较强的分类能力。计算结果见图 1.11。

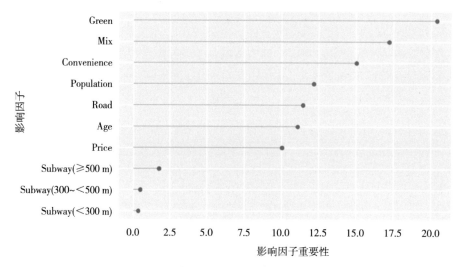

图 1.11　居民日常生活圈形态类型的影响因子重要性排序

　　影响因子排序越高，对分类的重要性影响越大，重要性排序依次为：绿化率 > 公共设施混合度 > 公共设施便利度 > 人口 > 路网密度 > 房龄 > 房价 > 地铁站点距离。可以看到，总体上建成环境影响因子的影响重要性要高于社会经济条件影响因子。社区生活圈最重要的构成要素——绿地公共空间和公共设施，对应的影响因子都位于排序最前端；紧随其后的是人口、路网密度、房龄和房价。虽然地铁站点距离会影响居民活动空间的范围，但本研究显示影响相对其他因子较小，而且当地铁站点距离大于等于 500 m 时，其对空间形态的影响大于地铁站点距离小于 500 m 时。

进一步针对不同形态类型的影响因子重要性排序，结果却显示出不同于影响整体分类的排序结果，不同类之间的影响因子重要性排序也存在差异。房价和人口，这两个社会经济条件影响因子，对扩展圈层形态的影响重要性高于另两种形态。公共设施便利度对于紧凑圈层和扩展圈层的影响重要性要远高于指向扩展圈层。而绿化率对于扩展圈层和指向扩展圈层的影响重要性，要远高于紧凑圈层。见表 1.10。

表 1.10　不同形态类型的影响因子重要性排序

影响因子	紧凑圈层	扩展圈层	指向扩展圈层
Convenience	0.001 3	0.001 5	0.000 4
Price	0.001 0	0.001 6	0.000 8
Road	0.000 4	0.000 4	0.000 2
Mix	0.000 5	0.000 4	0.000 4
Population	0.000 4	0.000 8	0.000 5
Green	0.000 5	0.001 0	0.001 0
Age	0.000 3	0.000 4	0.000 3
Subway（≥ 500 m）	0.000 5	0.000 2	0.000 3
Subway（300～< 500 m）	0.000 2	0.000 1	0.000 2
Subway（< 300 m）	0.000 1	0.000 1	0.000 1

1.4.4　小结

宏观视角下，基于手机信令数据对居民日常生活圈空间形态类型的研究，反映出的是居民日常生活在城市空间中映射的客观规律。该研究的重要意义在于客观揭示了居民日常生活圈类型的多样性，在南京这样一座特大型城市中，老城内、老城外、主城内、主城外的居民日常生活圈空间形态存在共性和差异，而差异还是比较显著的。总体上，影响这种分类的影响因子中，社区生活圈构成要素——公共设施和绿地等公共空间的影响重要性要大于社会经济条件影响因子和地铁站点距离因子。

老城内甚至主城内的紧凑圈层、指向扩展圈层比例高，反映出中高密度城区内居民日常生活范围较紧凑，但也会通过公交出行获取更有选择性的服务。主城外的扩展圈层比例明显上升，其他少数类型的圈层比例也明显增多，反映出中低密度城区居民日常活动范围普遍大于主城内，通过空间跨越获取服务的行为增加。这些研究结论对于在区域层面建构

15 分钟生活圈的联动体系具有重要启发。

该研究一定程度上反映日常生活的空间距离，但并不能反映居民对日常生活圈获取公共服务的满意程度。举一个简单的例子，即便是紧凑圈层，服务设施可能确实高质高量，居民不需要再远行，但也可能是居民缺乏出行能力或道路交通等出行条件较差，而设施也并不高质量，居民只能无奈地在小范围活动。同样地，对于其他圈层，我们也都可以举出正反例子。而不同类的形态，影响因子重要性也各有不同，其背后原因十分复杂，难以简单解释，只有深入小区探查居民日常行为决策，与访谈等定性研究方法相结合方能精确解释。

1.5

规律和理想

基于城市全局视野开展对社区生活圈的研究，揭示了社区生活圈发展的现实规律，这是迈向更美好的社区生活圈的基础，因为理想必须从现实做起，才能避免"画饼"。而公共部门的画饼最终将消耗人民群众的信任，因此立足数据的现实分析是走向正确道路的基础。

社区生活圈的基础保障型要素主要由公共财政投入，其中的准公益要素和社区商业等经营性要素则需要社会和市场的参与。除了行政决策之外，人口分布、市场起到了至关重要的作用，这些综合机制随时间给现实中的社区生活圈打下了烙印。因此我们看到，尽管有着统一的规范和标准，但是现实呈现出并不统一的丰富性。

对南京居民日常生活圈宏观空间特征研究的结果显示出南京居民日常生活圈层的共性和差异性，越向外围人口密度低或区位较差的地区，生活圈形态的延展性越强，超出 15 分钟步行范围的比例越大。同时，无论在主城内外，都有较多的扩展型生活圈形态，背后原因有所不同：主城内或轨道交通站点附近的生活圈之间由于交通便捷性高带来的形态跳跃性伴随着对设施丰富性和选择性的追求；主城外围特别是交通不便地区的生活圈则主要由于服务设施总体能级较低，需要通过跳跃获取更高质量、更有选择性的服务设施。

对南京社区公共设施布局特征及服务能级研究的结果显示出不同区位的设施要素集聚形态存在差异。由于历史发展、城市区位、人口密度、空间形态、住房政策等多因素的影响，社区生活圈服务设施体系有其发展规律。不同行政区的居住地块获取设施的能级数据的差异与设施空间布局的非均衡性密切相关。

城市行政管理决策者和城市规划师经常限于对理想的迷恋，在公共设施供给上的此类表现就是对绝对均衡的追求。社区生活圈的发展追求适当步行距离内的基本公共服务均等化及其相应基础保障服务设施体系的均衡化，这固然没错，但是，服务设施供给需要财务支撑，经济实力、人口分布和空间资源、社会资源对公共设施供给有重要的影响，对于市场供给的经营性设施和社会参与的准公益性设施更是如此。因此，追求绝对的自给自足和均等化既不科学也不合理。

社区生活圈不是孤立系统，它嵌入城市的复杂系统中。对街道行政辖区的多维属性的研究，揭示出基本行政单元在空间属性、形态属性、功能属性和社区属性等多方面的在地特征。社区生活圈的发展必须结合发展趋势以及在地属性。

南京居民对日常生活的感知调研，显示总体满意度不错，这与南京这座城市在社区生活圈建设方面做出了长久努力是分不开的。然而，不满意之处也存在，这正是民生福祉不平衡不充分发展的体现，居民对于空间品质提升的需求也比较强烈。此外，居民获取社区服务的日常空间形态，呈现出与规划意图一定程度的错位。居民的日常生活实践、城市的发展历程、社区公共设施的供给体系之间，呈现出复杂的互动关联。供给方必须精准了解需求，也要向需求方——居民解释供给机制，因为供给需要投资、设施要素需要维护，需要公共财政和市场、社会之间形成合力，共同找到提升社区生活圈的务实良策。

第二章 | 与城市联动的社区 生活圈差异化引导

2.1 区域联动发展

2.2 与行政辖区衔接

2.3 与人口密度匹配

2.4 与主体功能互动

2.5 与年龄结构适应

2.1

区域联动发展

社区生活圈的发展追求适当步行距离内的基本公共服务均等化及其相应基础保障服务设施体系的均衡化。然而，生活圈受服务人口规模、用地布局、建设条件等影响，同时，市场供给的经营性设施和社会参与的准公益性设施空间布局存在不确定性，追求绝对的自给自足和均等化并不科学合理。

结合社区生活圈的区位和能级，应建立社区生活圈之间的联动关系，通过更大尺度的交通联动和地区层次的合作联动，促进人民群众获取更丰富和更高品质的服务。中高密度城区生活圈的互联互通带来更高的丰富度和选择性。低密度郊区生活圈的互联互通则通过较高能级生活圈带动低能级生活圈服务设施的满足，由于低人口密度和郊区较为分散的格局，应根据具体情况组织5—10—15—30分钟生活圈体系。见图2.1。

中高密度城市空间的社区生活圈体系中，高能级和较高能级生活圈起到辐射带动作用，一般能级生活圈居民可跨圈获取服务。在交通区位良好的城市高密度地区，社区生活圈边界模糊、互相搭接，提供最大程度的便捷性和丰富选择。

中低密度城镇空间的社区生活圈体系中，则应因地制宜、根据社区的规模和密度，以路网和公交系统为骨架构建5—10—15—30分钟生活圈体系；中高密度生活圈提供较高能级生活圈

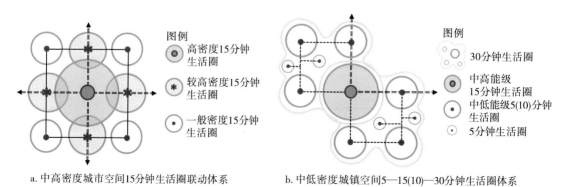

图例
- ◎ 高密度15分钟生活圈
- ✳ 较高密度15分钟生活圈
- ◦ 一般密度15分钟生活圈

a. 中高密度城市空间15分钟生活圈联动体系

图例
- ◌ 30分钟生活圈
- ◉ 中高能级15分钟生活圈
- ○ 中低能级5(10)分钟生活圈
- ⊙ 5分钟生活圈

b. 中低密度城镇空间5—15(10)—30分钟生活圈体系

图2.1　中高密度城市空间的社区生活圈体系和中低密度城镇空间的社区生活圈体系

　　　　　　　　与城市联动的社区生活圈研究与规划

服务核心，中低能级生活圈为分散街镇或小型居住社区提供基本公共服务设施。

2.2

与行政辖区衔接

街镇社区生活圈应对接街道、镇行政管理单元管辖范围，根据人口密度、人口规模、面积关联指标，并依据 10~15 分钟步行距离、500~1000 m 服务半径、3 万~10 万人口规模的原则，考虑快速路、干道、铁路、自然边界等分隔要素进行划定。一个街镇辖区，可能对应 1 个或多个 10~15 分钟社区生活圈。

基层社区生活圈应对接居委会管辖范围，并依据 5 分钟步行距离、200~300 m 服务半径、0.5 万~1 万人口规模的原则进行划定。一个居委会辖区，可能对应 1~2 个 5 分钟社区生活圈。

社区公共设施尤其是社区中心宜结合公共交通站点布局，适当提高轨道交通、公交换乘等站点周边地区的开发强度和混合用地比例。一个街镇辖区可根据人口规模设置 1 个或多个 10~15 分钟社区中心，项目配置应综合考虑人口和服务半径、交通区位等条件设定，当一个街道配置多个社区中心时，街政管理行政适应性设施只需要设置一处；养老院等一定程度距离敏感性设施根据相应规划要求和具体情况设置，不需要每个社区中心均设置。一个社区居委会辖区根据人口规模可设置 1~2 个基层 5 分钟社区中心，项目应尽量做到全要素设置。见图 2.2 和图 2.3。

 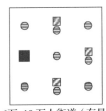

a. 3万~5 万人街道　　　b. 6万~10 万人街道　　　c. 6万~10 万人街道（存量为主）

■全要素街镇社区中心　　▨非全要素街镇社区中心　　⊖基层社区中心

图 2.2　与行政辖区衔接的社区中心设置

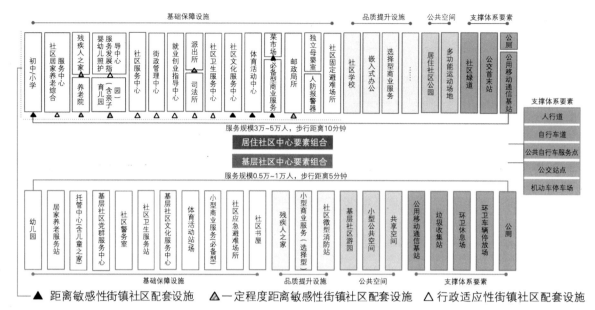

图 2.3 街镇级和基层社区级两级服务设施要素示意

2.3

与人口密度匹配

　　根据南京市街道空间属性分析，街道辖区的人口密度差异大。在特定城市发展进程中，在住房供给、就业空间结构体系中，人们通过综合考量生活需求和自身能承担的居住成本、通勤成本等因素而择居，因此人口分布是不均衡的，这种不均衡不仅体现在城乡之间、东西部之间，也体现在一座城市不同区位地区之间。而人口规模又切实影响着生活圈，应根据人口密度、人口规模、面积关联指标因子，考虑快速路、干道、铁路、自然边界等分隔要素，以促进适宜步行距离或时间范围内可达各类公共资源为原则，对生活圈空间形态、公共设施与公共空间配置、慢行体系组织进行针对引导。

1）适宜人口密度模式

适宜人口密度是生活圈较为理想状况，该密度下的设施服务半径范围内人口规模较适宜。路网密度宜大于等于 8 km/km²，形成路网密度适宜、步行较为友好的空间形态。公共服务设施以集中与分散相结合，引导市场驱动的经营性设施沿街合理布局。结合轨道交通站点或公交枢纽设置，形成空间集约、内容多元的复合服务综合体，局部用地混合度可较高。见图 2.4。

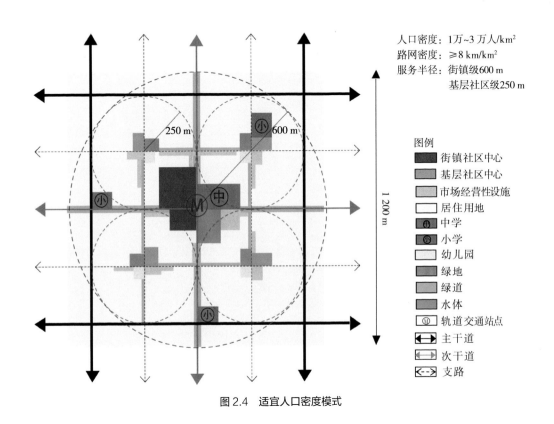

人口密度：1万~3 万人/km²
路网密度：≥8 km/km²
服务半径：街镇级600 m
　　　　　基层社区级250 m

图例

■	街镇社区中心
■	基层社区中心
■	市场经营性设施
□	居住用地
⊕	中学
Ⓟ	小学
▨	幼儿园
■	绿地
▨	绿道
■	水体
Ⓜ	轨道交通站点
◄►	主干道
◄►	次干道
◄-►	支路

图2.4　适宜人口密度模式

2）高人口密度模式

高人口密度模式下，设施服务半径范围内人口规模可能超出标准。由于服务人口规模大，可根据情况设置 1~2 处街镇级社区中心（街道办事处等行政管理设施只设置 1 处）。若单处设置，用地和建筑规模可适当扩大；若设置 2 处，可将社区卫生服务中心、养老设施适当扩大规模设于一处，其他功能设于另一处。基层社区级设施布局将更密集。

生活圈规划应注重用地集约，混合高效，交通便捷，同时保证舒适方便，重在提升品质，营造宜人环境。空间形态上倡导小街区、密路网，道路开放程度高。高人口密度的市场吸引力较强，应引导市场驱动的经营性设施沿街合理布局，营建活力网络。社区公共设施优先布局在轨道交通站点周边，关联度高的设施形成复合服务综合体，和社区公园相邻设置。见图2.5。

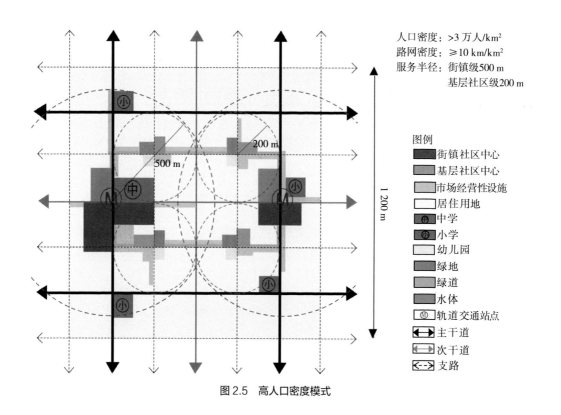

人口密度：>3万人/km²
路网密度：≥10 km/km²
服务半径：街镇级500 m
　　　　　基层社区级200 m

图例
■ 街镇社区中心
■ 基层社区中心
■ 市场经营性设施
□ 居住用地
⊕ 中学
⊕ 小学
□ 幼儿园
■ 绿地
■ 绿道
■ 水体
Ⓜ 轨道交通站点
⬌ 主干道
⟷ 次干道
⟵-⟶ 支路

图2.5　高人口密度模式

3）低人口密度模式

低人口密度模式下，设施服务半径范围内人口规模可能远低于标准，不是理想的生活圈人口密度，但在实际情况中却很常见，应加强引导。通过社区绿道加强居住空间与服务设施、就业地之间的联系。存在服务盲区的情况下，应结合实际需求增设相关设施；也可加强基层社区级服务设施和街坊级便民设施的建设，以弥补到达高等级设施的不便。

低人口密度的生活圈，街区尺度通常偏大、路网密度低、道路开放度低、用地混合度较低，有条件情况下应局部增加路网密度与用地混合度，设施形成集中与分散相结合的布局形态，打造功能齐全、便捷高效、经济适用的生活圈。见图2.6。

　　　　　　　　　　　　　　　与城市联动的社区生活圈研究与规划

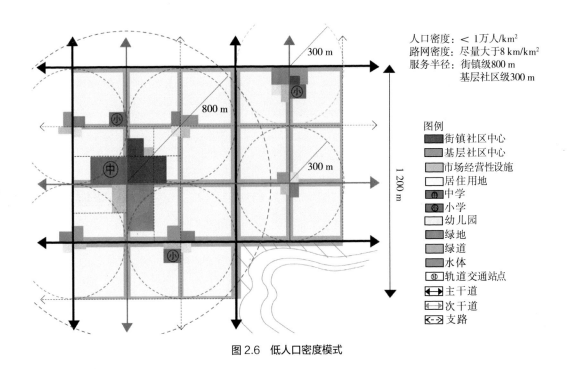

图2.6 低人口密度模式

2.4

与主体功能互动

　　根据街道功能属性分析，街道功能整体呈现差异。服务功能主导街道占建设用地主导街道中的20%，工业功能主导街道占建设用地主导街道中的8%，混合功能街道占比较多，占建设用地主导街道中的72%。大部分街道内局部地段功能也存在差异。公共管理和公共服务、商业用地、工业用地、物流仓储用地承载重要的经济社会功能，劳动力、资金、信息和服务这些用地和居住用地之间频繁流动，有着不同的利益相关方，这些用地的可持续发展与社区生活圈具有重要的互动关系。在生活圈规划中要重视不同功能用地与生活圈的互动关系，针对不同主导功能的生活圈提出相应的策略。社区生活圈的主体功能影响社区住房多样化供应、社区公共设施类型和布局，以及社区生活圈共建共治共享的组织。

1）产业社区

为避免城市工业用地不断萎缩，城市政府已经开始划定"工业用地保护线"，以实施产业保护与支持政策，工业片区（或工业用地）控制线的目的是保障城市的产业空间。不少城市在辖区范围统筹划定产业园区、城市型产业社区、城镇型产业社区、零星工业用地等"三级四类"工业用地保护线，推动实现产业发展空间精准配置。产业社区可根据工业和仓储用地面积占比进行判断。工业用地与周边社区存在联动关系，一方面可以促进就业，另一方面周边社区可为其提供较好配套服务设施。南京外围五区存在较多大片产业用地连续的情况，产业社区较为普遍，为促进居民安居乐业，导则需对产业社区进行引导。

产业社区生活圈的发展重点为产城融合发展，以产业发展为核心，同时配置非生产性服务功能，以城促产；构建景观空间与绿色走廊等生态屏障，同时将其作为居民活动公共空间；营建社区文化，促进邻里交往，实现安居乐业与社区融合；积极营建生产型服务中心、生活型服务中心与综合配套服务中心带动产业与社区发展。

《国务院办公厅关于加快发展保障性租赁住房的意见》（国办发〔2021〕22号）指出："人口净流入的大城市和省级人民政府确定的城市，经城市人民政府同意，在确保安全的前提下，可将产业园区中工业项目配套建设行政办公及生活服务设施的用地面积占项目总用地面积的比例上限由7%提高到15%，建筑面积占比上限相应提高，提高部分主要用于建设宿舍型保障性租赁住房，严禁建设成套商品住宅；鼓励将产业园区中各工业项目的配套比例对应的用地面积或建筑面积集中起来，统一建设宿舍型保障性租赁住房。"社区生活圈规划应对工业项目中配置的宿舍型租赁住房的布局提出建议，尽量和生产型服务中心结合布置；如果能够将分散的指标集中起来，则可设置于社区居住用地的保障型住房用地之中。见图2.7。

（1）要素特征

① 基于促进就业、服务企业的考虑，根据实际需求供应保障性住房，如共有产权住房、宿舍型保障性租赁住房等。

② 公共设施配建考虑产业需求，设置酒店、会议、展览营销等功能；公共设施的空间布局兼顾社区居民、产业员工和企业需求。

（2）规划要点

① 以城促产。产业社区以产业发展为核心，设置综合配套服务中心和生产、生活型服务中心。

② 绿色生态。基于绿色发展理念，将自然要素融入产业社区布局中，为产业构筑生态屏障，也为居民提供绿色公共空间。

③ 社区融合。促进企业和社区共建，营建和谐的社区文化，形成安居乐业的社区生活圈。

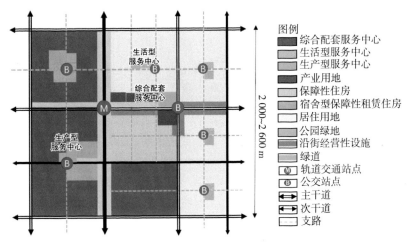

图例
■ 综合配套服务中心
■ 生活型服务中心
■ 生产型服务中心
■ 产业用地
■ 保障性住房
■ 宿舍型保障性租赁住房
□ 居住用地
■ 公园绿地
■ 沿街经营性设施
■ 绿道
Ⓜ 轨道交通站点
Ⓑ 公交站点
⟷ 主干道
⟷ 次干道
--- 支路

图 2.7　产业社区生活圈发展模式

2）商务社区

商务社区多位于城市中心区，多为存量地区，用地相对紧张。商务社区可根据商业商务用地面积占比判断。城市中心地区高度混合，其社区优劣并存，一方面具有区位优势，交通发达，基础服务设施丰富，居民生活便捷度高；另一方面城市中心区老旧小区与高强度开发小区密集，建设年代久，住房设施破败，公共空间利用紧张，亟待更新优化，应进一步挖掘资源潜力，激活存量。同时，一些文化资源富集地区，也容易孕育产生较为独特的商务社区，这类社区的文化资源再利用成为重点与难点。应针对商务社区特质给出引导策略。

商务社区生活圈发展的重点为企社融合发展，应保证用地集约和良好管理相结合，设施完善和有机更新相结合，要素互动和社区建设相结合，处理好建设增量与存量、文化延续与更新、社区发展与管理之间的关系。将不同级别的社区公共中心和商办用地、混合用地融合发展。见图 2.8。

（1）要素特征

① 基于吸引青年人才的考虑，根据实际需要供应市场租赁住房和保障性租赁住房，鼓励合理的用地混合。

② 商务企业对多样化的交流空间和文化氛围要求较高。

③ 商务社区一般位于城市中心地区，或文化资源丰富的地区。a. 中心地区：就业人口和居住人口密度高，地块乃至建筑的功能混合度高，建筑密度和开发强度高；b. 文化资源富集地区：文化资源再利用为商务功能，商务功能的规模、空间布局与文化资源条件有关，用地功能混合度高。

（2）规划要点

① 用地集约和良好管理相结合。用地的功能混合与建筑的功能立体混合相结合，激

发社区经济价值和活力。由此带来的治安、噪声、交通等挑战，则需要通过良好的管理来应对。

② 设施完善和有机更新相结合。城市中心地区、文化资源富集地区和老城区有不少重合，公共设施完善和优化需要通过空间资源的挖潜和更新来达成。

③ 要素互动和社区建设相结合。商务企业和社区共同完善生活圈要素，既传承历史文化，又嵌入创新文化，达到企业和社区互惠互利、协同发展。

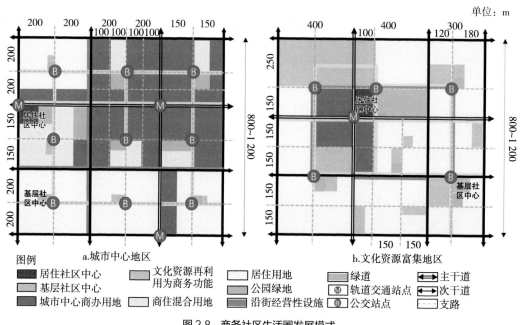

图2.8　商务社区生活圈发展模式

3）科创社区

科创社区是一种较为新兴的社区类型。城市未来发展的竞争力源于能否吸引创新人才。科创社区可在新城地区着力营建，根据科研、研发、商办用地面积占比判断；也可在存量地区激发创新载体活力，利用存量空间，改造老厂区、棚户区，释放老写字楼，嵌入式地在大街小巷容纳创新创业者，打造无边界的科技创新区。

科创社区生活圈发展的重点为创新要素和社区融合发展，以大数据平台为基础形成智慧创新环境，提供便捷服务，促进功能混合与空间共享，营造多样化创新空间与弹性空间，激发社区活动。积极围绕创智混合街区打造多级社区公共中心，带动周边人才公寓、微创集群及科研、研发、商办等用地融合发展。见图2.9。

（1）要素特征

① 基于创新发展、吸引人才的发展理念，合理配建保障性租赁住房、共有产权住房，引导市场租赁性住房建设。

② 创新要素集中，居住人群以青年创业人群为主，高学历人才集中，专业化集群密集。

③ 科创企业对信息互通、要素交流要求很高。

（2）规划要点

① 服务便捷。公共设施布局应依托轨道交通站点和公交站点布局。信息基础设施全面覆盖公共设施和公共空间，建立大数据平台构建社区动态信息支撑系统，营造智慧创新环境。

② 促进创新。为多样创新企业提供创业空间、孵化场所，除了传统的科研和研发用地之外，根据情况建设微创集群、创智社区。

③ 空间共享。鼓励设置共享办公室、共享会议室、共享研发平台、共享广场等弹性空间。激发人群交流，营造社区活力空间。

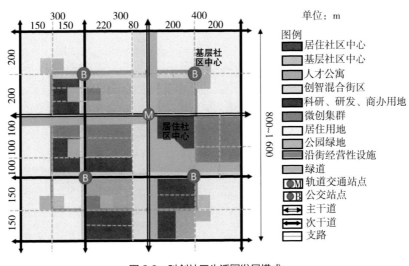

图2.9　科创社区生活圈发展模式

4）大单位社区

一些城市拥有一些占地较大的大单位。其中一些由计划经济体制时形成的单位大院演变而来，随着社会转型和经济转轨，单位体制虽然瓦解，但其发生结构性变化后仍然延续了原有占地面积较大的空间特征；另外，一些高等院校、大型企事业和研究机构周边也存在大单位社区。大单位社区可根据高等院校和科研事业单位用地面积占比判断。大单位社区存在空间集中性、封闭性、排他性和自足性等特征，尤其高等级大单位社区与城市发展隔离性强，地方政府对融合发展的诉求较强烈。

大单位社区生活圈发展的重点为大单位和社区融合发展，促进居住、商业、创新创业、休闲娱乐的功能融合，大学校园、科研机构、邻里社区、创业空间的空间融合，以营建知识驱动型社区。积极推动知识产业节点、附属文体设施与各级社区公共中心的联动发展。见图2.10。

（1）要素特征

①考虑大单位宿舍、住宿区与居住社区的关系。

②大单位的绿地、文体和停车设施，宜在保证安全的前提下，向社区分时开放。

③大单位的科研、孵化、研发等知识产业功能和人才储备可为社区带来活力。

（2）规划要点

①空间融合。加强大单位与城市互动，大学校园、科研机构、邻里社区和创业空间协调发展。大单位多具有精美开放空间和历史人文资源，应在一定条件下对城市开放。

②社区融合。将创新创业、研讨展示、休闲交流空间融入社区，营建知识驱动型社区系统，提升社区活力。

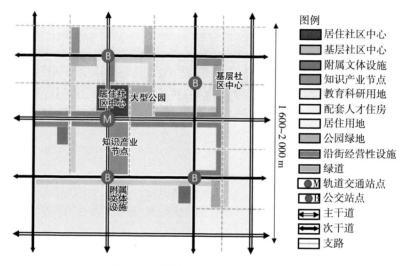

图2.10　大单位社区生活圈发展模式

2.5

与年龄结构适应

　　婴幼儿和学龄儿童比例较高的社区，应更重视儿童友好生活圈建设；老龄化程度较高的社区，应更重视宜老生活圈建设。

1）儿童友好生活圈
　　根据不同年龄段（1~3岁、4~6岁、7~12岁、13~18岁）儿童的成长规律，社区生活圈规划应配套相应的基础保障型要素，根据需求尽力供给品质提升型要素，营造宜人活力公共空间，构建安全可达慢行体系，鼓励儿童参与社区规划。见图2.11。

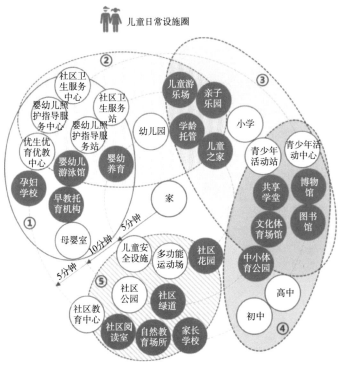

图例
○ 基础保障型要素
● 品质提升型要素
① 1~3岁婴儿设施圈
② 4~6岁幼儿设施圈
③ 7~12岁学龄儿童设施圈
④ 13~18岁学龄儿童设施圈
⑤ 共同设施圈

图2.11　儿童友好生活圈

2）宜老生活圈

根据健康老人、介助老人与介护老人的活动和照护需求，社区生活圈规划应配套相应的基础保障型要素，根据需求尽力供给品质提升型要素，完善老年人公共服务设施，营造舒适安全公共空间，构建连续便捷慢行体系，鼓励老年人为社区生活圈规划建言献策。见图2.12。

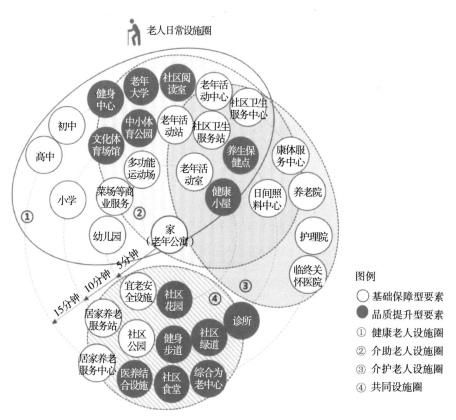

图 2.12　宜老生活圈

与城市联动的社区生活圈研究与规划

第三章　社区中心空间
研究与规划引导

3.1　社区中心空间规划理念的演变

3.2　社区中心空间类型及其服务效益

3.3　对新区集中用地的社区中心规划建设的评估

3.4　规划引导

3.1

社区中心空间规划理念的演变

社区中心源自 20 世纪 20 年代美国克拉伦斯·佩里（Clarence Perry）提出的邻里单位模式——以小学、教堂、社区文化等设施和中心广场形成邻里中心[37]，随后在各国现代住区规划中被广泛应用。规划层面的社区中心空间，不仅指单一建筑，而是由社区公共设施集聚而成的具有中心性的城市空间。社区中心毫无疑问是城市社区生活圈的核心空间。

3.1.1　国际视野下社区中心空间模式的变迁

经历了第二次世界大战后的广泛应用，西方于 20 世纪 60—70 年代出现了针对邻里单位范式的大量质疑性研究，认为其不仅强化社会分化，在功能上的适应性也不足。史密森夫妇（Smithson A, Smithson P）在 20 世纪 60 年代提出最首要的框架应该是公共基础设施，而不是居住单元[38]。英国四代新城规划模式显示出从简单层级中心结构向加强与城市交通衔接，而逐步网络化的结构发展趋势[39]。20 世纪 80 年代，特里迪布·班纳吉（Tridib Banerjee）和威廉·贝尔（William Baer）提出一个新范式——由服务和设施的廊道和节点构筑框架（而非居住单元），并辅之以实现居住环境和设施公平分配的机制[40]。80 年代以来紧凑型城镇中的模糊边界邻里正是这些理念的反映。20 世纪 90 年代以后英国都市村庄理念[41] 则与美国新城市主义的传统邻里开发（Traditional Neighborhood Development，TND）模式[42] 相呼应，提出传承具有活力和场所性的传统城镇空间；美国主街复兴计划（Main Street America）通过建构合作组织框架、利用经济促进工具和提高设计品质等方法已经支持了 1 600 个社区主街。美国新城市主义还倡导 TOD 模式[43]，其价值在于从区域发展的角度推动微观社区生活领域的变迁。20 世纪 60 年代以来的新加坡公共组屋新镇，经历了初期对英国早期邻里中心模式的复制，到建立在强调公共交通和社区性的高层街区形态基础上的邻里中心复合空间网络[44]。21世纪以来新加坡社区中心建设呈现多元化，既有高度集约和混合的邻里中心，也关注已经形成价值特色的社区空间的传续。

3.1.2　国内社区中心空间规划实践发展历程

中华人民共和国成立后的工人新村、单位职工住区建设受邻里单位和苏联现代街坊模式的影响，也规划有沿街或集中的社区中心空间[45-47]。改革开放后，为规范大规模的住区规划建设，1994年我国施行《城市居住区规划设计规范》（GB 50180—1993），该规范提出应采用相对集中与适当分散相结合的方式合理布局公共设施，明确术语"公共活动中心"——"配套公建相对集中的居住区中心、小区中心和组团中心等"，提倡"商业服务与金融邮电、文体等有关项目宜集中布置，形成居住区各级公共活动中心"。随着中国和国际规划交流日益增多，出现了如生活次街、集约型社区中心、住区混合功能指标体系等探索。进入21世纪以来，为应对市场经济对公益设施的排斥，南京等一些城市的地方标准和规划管理要求中，通过社区中心用地管控来保障公益设施和引导公共设施集中布局。《城市居住区规划设计标准》（GB 50180—2018）更加突出以人为本，以适当步行距离"生活圈"取代过去仅基于人口规模的分级模式，虽然没有"公共活动中心"的专门术语，但明确提倡15分钟生活圈的街道综合服务中心、5分钟生活圈的社区综合服务中心。2016年以来对街区制的探讨，更突出地体现了绿色低碳和开放共享、网络和层级、管理和治理等多维度的整合[48-49]。然而，除了规范标准、规划理念外，住房体系和用地供应、城市空间结构、设施供给体系等对社区中心空间实际形成也有着重要影响。

3.1.3　当前国内社区中心空间研究状况

国内对社区中心空间的研究主要集中在规划理念、规划模式和规划方法领域。一是对国外社区中心的引介，如美国[50-51]和韩国[52]，尤其是对新加坡邻里中心的介绍延续了多年[53-55]。二是从空间尺度、规划建设运营全环节等多视角辨析社区中心（或邻里中心）模式，进而提出适应中国的规划模式、规划管理建议[56-57]，社区中心和生活圈规划的关系也开始被探讨[26]，并出现从空间治理视角将邻里中心体系转译为社区家园体系的规划实践研究[58]。三是对社区中心空间的实态调研，戴德胜等[59]对国内外集中自由式、强集式与分散式三类空间案例进行调查分析，提出社区中心的空间规划应关注规模尺度、中心区位、功能发展、空间形态、出行环境；宋聚生等[60]基于对重庆江北区的基层社区设施和布局的问题调研，探讨行政边界与基层社区中心契合的规划方法。此外，建筑设计领域研究社区中心设计的论文近年也较多，但基本上是在既定规划条件下讨论如何设计，几乎不涉及城市层面对社区中心空间的组织。总体上，城市系统性研究很不丰富，实态研究很少，且以质性研究为主。

尽管国内外实践和研究差异较大，但仍有明显的共同趋势，即超越简单的抽象层级中心结构，向嵌入在城市发展历史、用地和功能、道路交通体系中的适应性中心空间模式转变，关注便利性、空间品质等内涵要素，越来越重视和城市运营、城市治理的结合。在中国当下城市高品质发展要求下，存量社区空间应持续优化，而城镇发展边界内的新建住区也需要在以往经验教训的基础上进一步创新模式。中国发展情境下的社区中心空间状态亟待被揭示。丰富和完善生活中心体系，将有助于提升社区生活圈[30]。

3.2

社区中心空间类型及其服务效益

3.2.1 南京市玄武区既有社区中心空间研究

在第一章的社区公共设施空间布局特征研究中，基于数据的空间分析结果呈现出不同的集聚形态——簇群、线形、斑块、点状形态，这些集聚空间是统计学意义的实际中心空间，背后是复杂且具有历时性的生成机制。与第一章对比，不同行政区居住地块获取设施的服务能级不同，本节将选取一个行政区，进一步深入探查不同形态中心空间的服务效益。

南京市玄武区以新街口为中心向外形成"新旧混杂中心区—20世纪80年代建设的老城边缘区（以房改房为主）—20世纪90年代建设的主城边缘区（房改房和早期商品房混杂）—21世纪的新建地区（商品房和保障房）"的建设年代格局。相应人口密度也具有明显差异，城市中心区所在街道——新街口人口密度极高，达到3.77万人/km²，而外围街道人口密度不到0.5万人/km²。见图3.1。这种空间丰富性使得玄武区拥有4种典型的集聚中心空间形态[61]。

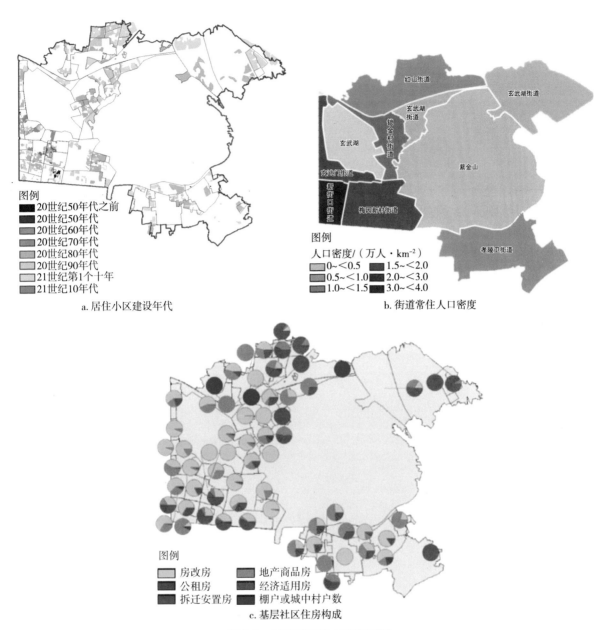

图例
20世纪50年代之前
20世纪50年代
20世纪60年代
20世纪70年代
20世纪80年代
20世纪90年代
21世纪第1个十年
21世纪10年代

a. 居住小区建设年代

图例
人口密度/（万人·km⁻²）
0~<0.5　　1.5~<2.0
0.5~<1.0　2.0~<3.0
1.0~<1.5　3.0~<4.0

b. 街道常住人口密度

图例
房改房　　　地产商品房
公租房　　　经济适用房
拆迁安置房　棚户或城中村户数

c. 基层社区住房构成

图 3.1　玄武区住房和人口基本信息

　　表 3.1 呈现了 4 种类型社区中心空间的 15 分钟范围内居住地块的数量，及其居住地块 15 分钟范围内社区公共设施密度、混合度和便利度的值域。可以看到斑块和点状社区中心 15 分钟范围内居住地块的设施密度和便利度值域范围远小于线形社区中心，更是远远小于簇群社区中心，而且从高值向低值的衰减更快。从混合度值来看，点状和斑块社区中心 15 分钟范围内低值的居住地块比例明显增加，但是总体差距并不大；值得注意的是高值的居住地块，点状和斑块社区中心的比例高于簇群中心，大概是簇群中心空间对应的经营性设施比例过高的缘故；而线形社区中心极高值的居住地块比例是最多的，说明其各类设施分布最均衡。

表 3.1 4 种社区中心空间类型及其 15 分钟范围内设施服务效益

特征与效益		社区中心空间类型			
		簇群	线形	斑块	点状
区位与人口密度		城市中心：新街口街道，人口密度 3.77 万人/km²	老城边缘：锁金村街道，人口密度 1.34 万人/km²	新建地区：玄武湖街道东部，人口密度 0.30 万人/km²	主城边缘：红山街道西部，人口密度 0.99 万人/km²
社区公共设施布局					
社区中心空间					
15分钟范围内设施服务效益	居住地块数	206 个	49 个	10 个	42 个
	密度				
	混合度				
	便利度				

3.2.2 对既有社区中心空间优化的启发

不同社区中心空间类型，各有其优势和问题，未来发展需要针对性的优化策略。簇群社区中心空间的市场力很强，经营性公共设施丰富，综合便利度很高。但是用地紧张，新增、扩建公益性设施会遭遇较大困难。生活圈优化应该延续设施网络化分布的特色，但应积极探索高密度环境下公益性设施的多渠道、立体化供给或共治共享机制。积极采取鼓励市场介入和社会力量参与的政策和方法，采用多元方法弥补公益性设施的短板，诸如空间分时共享机制、高度集约的混合设施运营机制。

线形社区中心空间对应的设施混合度好、便利度较高，有活力的生活性街道具有较好的在地场所性。未来应在强化该优势和特色基础上进行空间品质提升，改善建筑老化问题，营建更安全、舒适的生活性街道。对线形社区中心空间的整治更新，既要解决原有的一些矛盾，比如底层商铺油烟、噪声扰民问题，还要特别注意保持原有市井氛围，不要完全统一形式，更不要造成"绅士化"后果。

玄武区的斑块和点状社区中心服务的地区人口密度明显小于簇群和线形社区中心服务的地区，主要分布于 20 世纪 90 年代以来的新建地区、老城边缘和主城边缘。设施混合度较好，但是密度和便利度明显小于簇群和线形社区中心，且沿中心向外围急遽递减。这两类中心空间体现了用地集约理念，未来发展就应将其长处发挥至极致，提升斑块中心、点状中心的复合型服务品质，大力优化中心的户外和立体空间环境，将其营建成具有地方特色的社区中心乐园。新加坡邻里中心的经验值得学习。由于人口密度较低，如果再叠加大街区用地形态，服务效益均好性较差的短处是难以克服的，那么可在社区生活圈整体层面追求其他的好处——绿色健康的步行、骑行网络，将斑块、点状中心和城市绿地、社区绿地连接起来。以己之长克己之短，镶嵌于社区绿色慢行网络上的社区中心也将另有一番吸引力。

3.3

对新区集中用地的社区中心规划建设的评估

改革开放以来，中国新区开发有力地推动了中国特色的城镇化进程，对所在城市和区域的产业发展、人口流动和城镇体系带来深刻影响。21 世纪以来中国城市新区向综合性功能转型，公共设施规划建设高度影响新区建设成效[62]，其中社区服务设施对新区宜居性具有重要影响。早期不成熟的控制性详细规划仅依赖千人指标进行设施规划，导致政府在社区服务设施规划建设方面的管控乏力。南京、珠海、重庆等多地的新建地区公共设施配套标准中明确提出社区中心分级规划要求，将多类公益性和经营性要素一并纳入集中用地进行规划管控。

新发展时代，中国大量新区已过初生期，既有存量待整治，也有增量待开发，城市新区的生命周期研究将成为一个长期持续的领域[63]。近年15分钟生活圈发展理念倡导政府、市场与社会力量的协同，对社区服务设施提出保基本、提品质和营特色的更高要求。经济新常态、老龄化背景下城市公共财政紧缩，规划作用如何更好地支持政府、市场与社会力量之间的协同，助力社区服务设施的空间有效供给，亟待拓宽思路。此背景下，对新区集中用地模式的社区中心规划建设的评估，将有利于及时总结经验和教训。

南京自2005年以来施行的两级社区中心配套标准是高于国家标准的，主要表现在居住社区中心对应的服务人口3万~5万人、服务半径500~600 m，小于国标15分钟生活圈对应的服务人口5万~10万人、服务半径800~1 000 m；分别对应专门的用地分类Aa和Rc。21世纪初开始开发建设的河西新城中部地区（约21.5 km²），是南京最早应用两级社区中心用地控制规划模式的地区，迄今已20多年，居住用地（约470 hm²）已经基本开发完成，2017年常住人口已达21万人，为社区中心规划实施及效用研究提供了极佳样本。

对河西中部地区集中用地的社区中心进行评估，重点考察两个方面。一是被寄予厚望的该模式是否实现了对社区公共设施的空间保障。通过对两级社区中心的规划实施全过程进行梳理，发现成功之处在哪里、障碍又表现在何处。二是该模式与当前社区生活圈发展理念的契合情况如何。以城市整体发展的视野，将社区公共设施在城市中的集聚结构与社区中心叠合分析，进而结合居民实际认知和使用感受，有助于深度了解集中用地的社区中心在城市空间中的效用[64]。

3.3.1　南京河西新城中部地区社区中心规划实施评估

2021年末，将当时的用地现状对照控制性详细规划信息，居住社区中心规划6处，其中已建成3处，3处在建；基层社区中心升级版规划1处，已建成；基层社区中心规划9处，已建成5处，未建4处。见图3.2。

需要说明的是，存在4处规划中没有而现状中有的基层社区中心用地，其占地面积都很小，这几处建设时间较早，可能正因为存在这些用地，规划中心被认为没有必要建设。这些集中用地的基层社区中心大致占所有基层社区中心的一半，研究范围内还有3处与居住社区中心复合在一起的基层社区中心，以及不少复合在开发项目中的非集中用地的基层社区中心，后两种基本以公益性服务功能为主。

将已使用的集中用地的社区中心与标准比对，发现并非都完全配置了要求的设施。即便配置了相应设施，也存在增强或减弱的情况。按设施配置是否完全，可将社区中心分为全要素中心和非全要素中心两类。

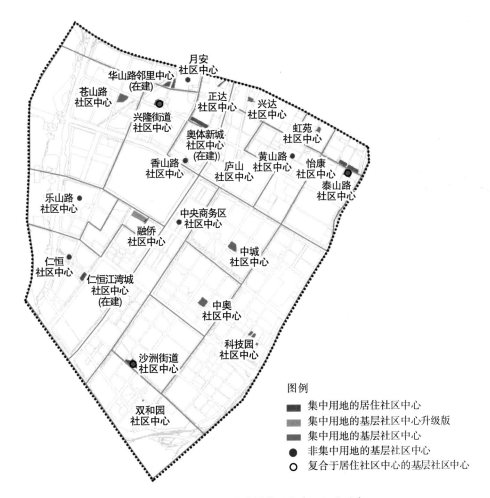

图例
■ 集中用地的居住社区中心
■ 集中用地的基层社区中心升级版
■ 集中用地的基层社区中心
● 非集中用地的基层社区中心
○ 复合于居住社区中心的基层社区中心

图3.2　河西中部社区中心规划实施现状（2021年末）

1）全要素中心

　　全要素配置的社区中心数量较少，仅有2个居住社区中心、1个基层社区中心和1个基层社区中心升级版。其占地面积都较大，建筑面积相对充裕，因此能够满足各要素的配置需求。经营性设施都能达到甚至超出标准要求；准公益性设施减弱或增强情况不一；公益性设施尽管也存在增强的情况，但减弱的情况更多。需要指出的是，一处居住社区中心复合了一处其所在居委会辖区的基层社区中心，还有一处居住社区中心没有配置街道级管理和服务，而是配置了其所在居委会辖区的居委会管理和服务。

　　全要素中心的一个特别例子，在控制性详细规划中为居住社区中心，但实际上是基层社区中心的升级版。按居住社区中心标准来看，除了商业设施增强，其他功能均不足；按基层社区中心标准来看，大部分设施都达标准或增强很多，但医疗设施和福利保障设施仍弱。

2）非全要素中心

非全要素社区中心包括 1 个居住社区中心和 9 个基层社区中心。其中居住社区中心的卫生服务设施在别处用地进行了建设，而其他设施的建设情况同全要素居住社区中心。该居住社区中心也复合了一处其所在居委会辖区的基层社区中心。

9 个基层社区中心按占地面积可分为 3 类，差异性很大。第一类是占地远小于标准的中心；基本缺乏经营性的商业设施，卫生站也普遍缺失，其他功能面积也明显弱于标准。第二类 2 个，占地面积基本符合标准；均缺失经营性的商业设施，其他功能面积则有增强也有减弱。第三类 2 个，占地远大于标准；缺失卫生站，但商业明显增强，其中一个更是复合建设了一个大型酒店，其他功能面积也是有增强也有减弱。

总体上，商业设施配置呈现两极化，在居住社区中心和面积较大的基层社区中心被增强配置，而在大多数基层中心几无配置。行政管理和社区服务、福利保障设施则有增强也有减弱，与各基层政府的使用决策差异有关。具有普遍性的是，社区卫生设施缺失严重，这实际上与街道难以在基层社区配置医疗资源有关；体育设施也大部分缺失，文化设施尽管有配置但缩水严重，与此类设施的准公益性有关，实际上缺乏有效的管理运维主体。

3.3.2　南京河西新城中部地区社区中心的居民使用分析

1）服务覆盖范围

以步行 15 分钟 1 000 m 的服务半径计算，居住社区中心（含基层社区中心升级版）对居住用地的覆盖率为 60.5%。以步行 5 分钟 300 m 的服务半径计算，基层社区中心（含两处复合在居住社区中心的基层中心）对居住用地的覆盖率仅为 13.0%，覆盖情况较差，难以满足居民的高频短距离使用需求。即便加上非集中用地的基层社区中心，覆盖率略增至 15.1%。见图 3.3 和图 3.4。

图 3.3　居住社区中心步行 15 分钟覆盖范围

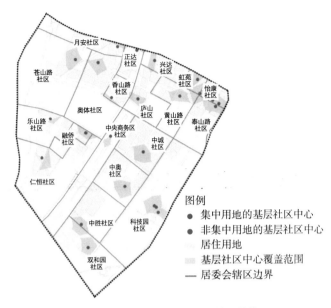

图 3.4　基层社区中心步行 5 分钟覆盖范围

2）居民认知和使用情况

笔者于 2021 年 10—12 月在河西新城中部地区展开对居民的调研，内容涉及是否知道街道级的居住社区中心与所在居委会辖区的基层社区中心（含非集中用地的中心）、对社区中心的使用情况和社区生活圈满意度等，共回收有效问卷 286 份。

居民对所在街道的居住社区中心认知度较高（接近或超过 70%）。而知道本街道级社区中心的居民，对居住社区中心的使用率并不高。

对集中用地的基层社区中心，居民对其认知度更高，大多接近或超过 80%，甚至超过 90%；而居民使用情况差异较大，较低值出现在小面积用地的基层社区中心。而对非集中用地的基层社区中心，居民对其认知度大多低于集中用地的社区中心；居民使用率情况与小面积用地的基层社区中心类似。见图 3.5。

3）集中用地的社区中心与社区公共设施集聚中心的叠合分析

尽管规划的社区中心覆盖率不高，居民对社区中心认知度和使用率也普遍不是很高，但是居民对 15 分钟生活圈满意度总体尚可，说明除了规划的社区中心外，居民日常生活还有其他依托的空间。

运用前文中的空间数据分析方法，识别出实际上的社区公共设施集聚中心，并将其与现状已投入使用的集中用地的社区中心叠合对比，见图 3.6。发现社区公共设施集聚中心与集中用地的社区中心重合度不高，仅 5 处重合、2 处邻近。其中，面积规模大的规划社区中心与识别出集聚中心重合度高，3 处居住社区中心和 1 处基层社区中心升级版都位于设施集聚中心区；而基层社区中心与社区公共设施集聚中心空间吻合度低，仅有 1 处重合、

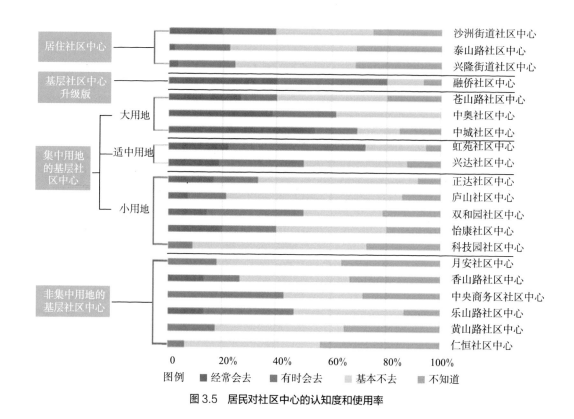

图 3.5　居民对社区中心的认知度和使用率

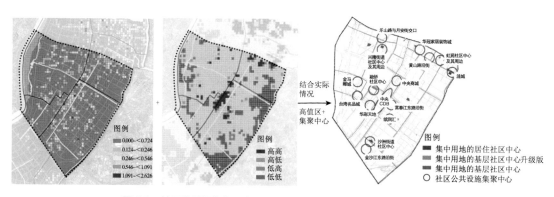

图 3.6　社区公共设施集聚中心与已使用集中用地的社区中心的叠合

2 处邻近。通过实地考察发现，这些超出规划的社区中心之外的集聚中心，有的是规划的高等级城市中心，也提供周边社区居民经常使用的设施；有的是在规划的中心用地周边，由市场提供的小型设施，不少是住区开发商设置的底层商铺；还有的完全是在商业用地上，这些商业综合体或商务楼宇也为周边居民提供文化体育和社区商业等服务。

　　以集中用地的社区中心和社区公共设施集聚中心的关系为观察对象，结合居民对社区中心的使用率情况，以及该社区居民的 15 分钟生活圈满意度，进行综合分析。河西中部地区呈现 3 种类型，见表 3.2。

表 3.2　基于中心效应的不同类型社区中心

类型		一	二	三
个数		7	9	7
集中用地的社区中心		是	否	是
社区中心使用率	平均值	47.0%	—	40.7%
	方差	0.049	—	0.046
社区公共设施集聚中心		是或紧邻	是	否
居民 15 分钟生活圈满意度	平均值	77.9%	68.4%	62.3%
	方差	0.017	0.010	0.026

　　集中用地的社区中心使用率平均值并不高，数据分布也较离散；居民 15 分钟生活圈满意度总体情况较好，数据离散情况远小于社区中心使用率。在仅有社区公共设施集聚中心、没有集中用地的社区中心情况下，生活圈满意度也较好。第一类和第三类相比，使用率平均值较高，满意度平均值高出较多；第三类生活圈满意度方差大于前两类，存在较大不确定性；具体数据还显示，社区中心使用率超过 70% 的高值和满意度超过 90% 的高值均在第一类，而社区中心使用率低于 20% 的低值和满意度低于 50% 的低值均在第三类。

　　可见，在集中用地的社区中心和社区公共设施集聚中心重合的情况下（居住社区中心、基层社区中心升级版都是这种情况，也有少量基层社区中心），尽管社区中心使用率不一定高，但生活圈满意度总体水平高。在有社区公共设施集聚中心、没有集中用地的社区中心的情况下，居民生活圈满意度水平也较高。在有集中用地的社区中心（都是基层社区中心）、没有社区公共设施集聚中心的情况下，生活圈满意度存在较大不确定性。

3.3.3　对集中用地的社区中心规划模式的讨论

1）集中用地的社区中心规划实施的顺与困

　　地方政府对于居住社区中心是重视的，专门出台建设管理办法。然而，规划的居住社区中心虽然没有完全未建的情况，但仍存在严重的建设迟滞。因其包含大量公益性和准公益性设施面积，基本由国企托底开发建设，然而其执行力受到具体情况限制，如能否顺利进入政府计划、开发建设单位的项目运作能力和融资情况等。顺利的情况下，居住社区中心被及时建设；而不顺利的话，就会出现建设迟滞现象。

　　相较而言，基层社区中心的规划实施情况更差。尽管基层社区中心规模远小于居住社区中心，但其服务人口规模小，需要的数量很多，河西中部地区就至少应设置 20 个。正因为如此多的数量，造成其开发建设的巨大挑战。从规划编制上，已经大幅减少集中用地的基层社区中心数量。建成的 5 个中，3 个大幅超过标准的用地面积，增强了经营性商业功能，复合建设的方式更容易推进基层社区中心的顺利实施。而未按规划建设的基层社区中心，其中有独立集中用地的，也有分散在开发项目代建的，用地和建筑面积都远小于标准，以承担居委会的社区服务功能为主，其他功能欠缺严重。

2）既有集中用地的社区中心的优点和不足

（1）优点

已按规划实施的集中用地的社区中心，与未按规划实施的社区中心和非集中用地的社区中心相比，确实保障了足量的用地面积，相应建筑总量也得到保证，尽管使用中发生了一些功能被减弱的情况。可以说该模式实现了保障用地和建筑总量的初衷，只要有足量面积，后续就有调剂使用的余地。

集中用地的居住社区中心具有促进社区公共设施发展的规模效应。河西中部地区所有已经投入使用的居住社区中心（含基层社区中心的升级版），都和基于POI数据计算出的社区公共设施集聚中心范围重合。居住社区中心的用地面积和建筑规模较大，尤其是商业功能的增强，其规模效应起到了一定带动作用。尽管某些居住社区中心受其运营能力影响，居民对其使用率并不高，但仍然促进了周边其他市场开发项目对社区生活设施的建设，进一步扩大了集聚效应，促成了有活力的社区公共设施集聚中心。

基层社区中心缺乏规模效应，大多不与社区公共设施集聚中心重合。但相对于非集中用地、分散在开发项目中的基层社区中心，集中用地的基层社区中心普遍具有更好的社区居民认知度和更高的使用率。尽管不是很有活力的城市社区设施集聚中心，也是具有社会服务意义的另类中心。

（2）不足

强集中、全要素配置要求在现实中难以完美实现。现实中，全要素的社区中心少于非全要素中心。即便是全要素社区中心，并非所有功能都达到要求，特别是医疗卫生和福利保障设施普遍功能很弱。事实上，河西中部并没有一处既拥有全要素、同时所有功能皆完美的社区中心。一方面，所有要素集中在一处用地，而不少设施都对出入口、层数甚至物理环境等有要求，这无疑加大了管理难度；另一方面，对于拥有大量公益性设施的综合社区中心，具备专业管理和运营能力的机构是稀少的，少数专业机构难以企及数量众多的社区中心。强集中、全要素配置要求，简化了规划编制和规划管理控制的难度，但是没有与之匹配的管理运营水平，那么这种模式的现实可行性是需要检讨的。

集中用地的社区中心难以达到社区生活圈便利性要求。一直以来，南京在规划管理上严格依据人口规模进行社区服务设施的配置。3万~5万人设置一处居住社区中心，已然比《城市居住区规划设计标准》（GB 50180—2018）要求更高。而按照上述国家标准中的生活圈便利性要求进行测算，社区中心服务覆盖率并不理想。河西中部地区多采取300 m左右间距的格网道路，道路密度位于合理区间，仅仅依赖社区中心仍难以达到社区生活圈所倡导的便利性。

3.4

规划引导

3.4.1 整体优化"城市空间结构—社区服务设施—社区中心"布局

　　不同区域、不同城市甚至同一城市的不同地区发展基础、空间结构具有差异，前文研究已经显示出以整体视角把握城市整体空间结构、社区服务设施空间布局的重要性。城市体检是城市高质量发展的重要抓手，应依托城市体检制度，建立并定期更新各项社会经济数据、空间数据、设施数据库，精准把握城市功能结构、道路交通结构、社区服务设施空间布局。充分利用基于社区服务设施空间数据，识别实际的社区中心空间；进而对于规划的社区中心和非规划的设施集聚中心，分别调查其运营使用的状况，对设施进行达标性评估，对居民进行设施满意度和需求调查，总结成绩和经验，发现问题和需求。基于上述综合研究，政府及规划、其他行业部门和街道社区一起探讨如何整体优化"城市空间结构—社区服务设施—社区中心"布局。

　　对存量已建成地区，应通过实施更新计划持续完善社区中心功能，不断优化社区中心与居住区之间的公交、慢行体系。对于玄武区这样的存量为主的城区，基于前文研究，可根据片区内不同的社区中心集聚情况，进行针对性的规划引导，见图3.7。簇群社区中心、线形社区中心、斑块社区中心和点状社区中心服务范围的功能结构、人口密度、住房类型、住房年代等发展背景不同，生活圈规划应分析其空间特征、价值特色、现存问题，明确规划要点，差异化有针对性引导不同生活圈。簇群社区中心应进一步延续其较高的空间服务效益，对居民需求还不满足之处通过空间挖潜、共享等方式解决。线形社区中心在强化优势和特色的基础上营建更安全、舒适的生活性街道。斑块和点状社区中心应提升其服务品质，加强居民到达中心的慢行体系连接性和舒适性。

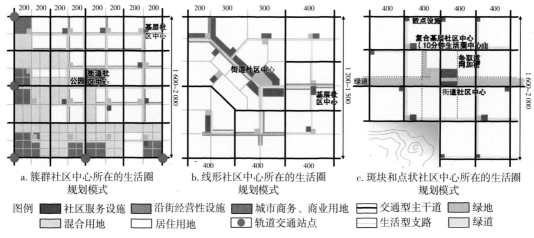

a. 簇群社区中心所在的生活圈　　　　b. 线形社区中心所在的生活圈　　　　c. 斑块和点状社区中心所在的生活圈
　　　规划模式　　　　　　　　　　　　规划模式　　　　　　　　　　　　　规划模式

图例　■ 社区服务设施　■ 沿街经营性设施　■ 城市商务、商业用地　▭ 交通型主干道　　■ 绿地
　　　□ 混合用地　　　□ 居住用地　　　● 轨道交通站点　　　　▭ 生活型支路　　　■ 绿道

图 3.7　存量地区不同社区中心所在生活圈规划引导

对增存并举的城市新区，可借鉴河西新城中部地区案例研究。居住社区中心和基层社区中心规模的差异，使得其在城市空间中的作用有所不同，现实的社会经济条件导致其规划建设依托的用地开发模式也不相同，这为社区中心和城市功能结构的契合提供了更具整体性的视角。与河西新城中部地区综合条件类似的地区，其未来发展的模式可参考图 3.8，通过规划调整，形成具有一定前瞻性、又能与该地区社区服务设施开发建设运营潜力更匹配的整体空间结构。

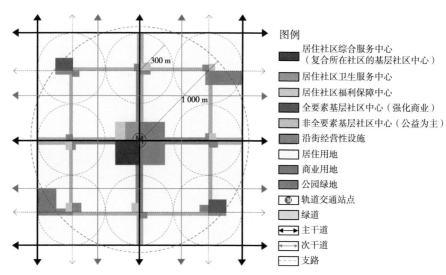

图例

■ 居住社区综合服务中心
　（复合所在社区的基层社区中心）

■ 居住社区卫生服务中心

□ 居住社区福利保障中心

■ 全要素基层社区中心（强化商业）

□ 非全要素基层社区中心（公益为主）

■ 沿街经营性设施

□ 居住用地

■ 商业用地

■ 公园绿地

Ⓜ 轨道交通站点

■ 绿道

◀▬▶ 主干道

◁▬▷ 次干道

- - - 支路

图 3.8　社区中心与城市功能结构契合的整体性规划引导

居住社区中心由于规模效应，是 15 分钟生活圈的活力"触媒"，可促发周边市场项目供给更丰富的经营性生活设施，居民可以从城市空间中获取更有选择性的服务。因此，居住社区中心选址还应考虑周边用地可以兼容生活设施，继而，对周边用地的规划也相应加强经营设施位置的引导。

基层社区中心主要起到在地社区服务作用，这种社区属地化的服务也是非常重要的。由于基层社区中心数量多，其分布区位需要被仔细考虑。如果该社区有或紧邻居住社区中心或市场供给的商业中心，那么基层社区中心只要保障公益性功能即可；如果该社区没有也不紧邻居住社区中心或市场供给的商业中心，那么基层社区中心的全要素配置就是必要的，甚至可以适当扩大商业配置规模。此外，也可积极鼓励周边市场项目供给生活服务设施。

由于以人口规模配置的社区中心难以达到 5~15 分钟步行距离服务全覆盖的要求，可以构建社区绿道，优化慢行体系及其品质，使居民可以舒适地步行或骑行，方便而愉快地到达各类设施点。

新加坡三代新镇的规划理念、整体空间结构和社区服务设施布局、邻里中心体系形成同构互嵌关系，差异化的"城市空间结构—社区服务设施—社区中心"模式具有借鉴意义。总体上，大巴窑（Toa Payoh）西部表现出"邻里中心最为均匀的集中 + 社区服务设施适度分散"的特征，淡滨尼（Tampines）表现出"邻里中心集聚性最强的集中 + 社区服务设施适度分散"的特征，榜鹅（Punggol）表现出"邻里中心沿轨道交通环线站点高度集约和高度混合的集中 + 社区服务设施较广的分散"的特征。三代新镇各有特色，也各有利弊；没有十全十美的体系，但是新加坡三代新镇既适应当时的发展，又有一定的前瞻性，与其住房建设阶段、财政可行性、中心运营模式相匹配，更难能可贵的是一直都在与时俱进地发展，新镇发展过程中不断完善设施供给，通过邻里更新计划补充近邻设施，对建成的邻里中心也持续实施更新。尽管仍然不是十全十美，但五年一次的新镇居民设施满意度持续攀升，2018 年建屋发展局（Housing & Development Board）的住户抽样调查显示居民对设施的总体满意度高达 98.6%[65]。见图 3.9。当然，学习新加坡经验，并不是要照搬其具体模式，而是学习借鉴其既前瞻又务实、能够与时俱进的规划理念，积极探索适合中国本土、各地具体情况的发展路径。

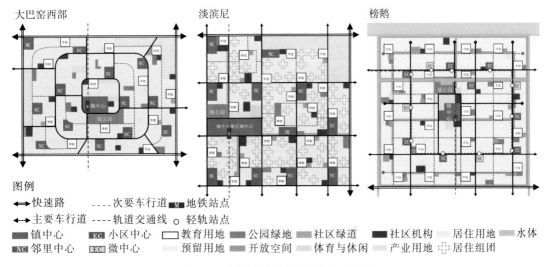

图 3.9　嵌入新加坡新镇的中心体系模式

注：3 张模式图大致按同一比例绘制；由于淡滨尼新镇及镇中心面积都远大于大巴窑西部和榜鹅，仅绘制一半。

3.4.2 对规划的社区中心进行精细化的用地管理

社区中心规划建设评估结果告诉我们，当前应从通过用地控制保障设施要素的单线思维，走向与政府职能、市场运作水平、未来发展契合的用地规划精细化。

服务 10~15 分钟生活圈的规划社区中心，不仅保障了公共设施用地，由于其规模效应，通常还是生活圈的活力"触媒"。城市应加大政策支持力度，积极提升相关国资托底开发建设企业的项目运作能力，确保建设时序和质量。在老龄化社会和后疫情时代，对社区卫生服务中心和养老服务设施的要求越来越高，之前将全要素复合于综合体之中的方式已经不适合新形势。前述检讨显示出，这两种功能的位置经常被边缘化，实际运营最困难，要素最难被保障。目前，公共卫生部门和民政部门都更希望这两类设施可以被全面移交，而混合在综合体中则加大了移交和部门接手管理的难度。因此，在社区中心的集中用地中，可以进一步精细划分社区卫生服务中心、福利保障设施用地，这样既可减轻全部混合在一起对设计和运营造成的压力，也可确保此类设施不被边缘化，更方便后续移交和使用运营；由于用地相对独立，也可另行择址于其他合适区位。见图 3.10。

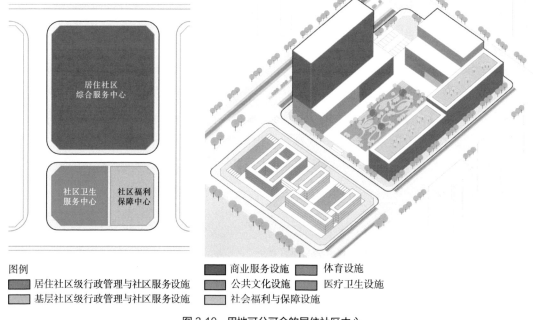

图 3.10 用地可分可合的居住社区中心

应及时总结社区中心建设和运营中的地方经验和困难，确定适合地方实际情况的社区中心用地开发建设模式，使得社区中心可被及时开发建设、良好运营，并具有随时代发展的弹性。在开发建设运营等各方条件具备情况下，可提高公益性设施的比例，一次性建成运营；反之，则应减少单个项目中的公益性设施比例，分摊到合适的兼容性地块，或设置预留用地，后续根据发展情况采取合适的开发方式。服务 10~15 分钟生活圈的社区中心，可根据具体情况采取分散组合式中心的空间布局方式。见图 3.11。

对服务于 5 分钟生活圈的基层社区中心而言，由于数量众多，是否集中用地、集中用地规模的确定需要被精细考虑，其必须与地方建设能力匹配，否则难以避免规划难实施的情况。如果地方政府培育的托底建设企业能力足够强，那么规划中可以多设置集中用地的基层社区中心。如果不够强，那么可考虑两种方式：一是适当扩大用地规模和容积率，提高经营性设施面积，吸引市场开发建设；二是分散在其他开发项目中。这两种方式都需要切实加强开发建设的监督管理，完善移交程序。见图 3.12。

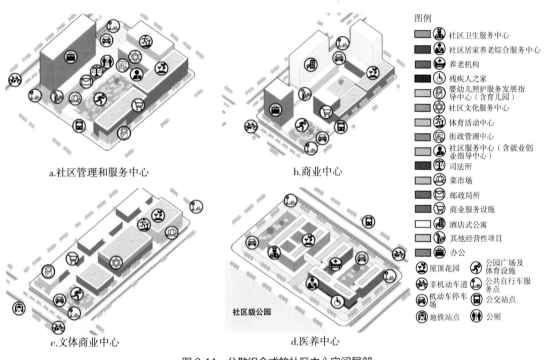

图 3.11　分散组合式的社区中心空间局部

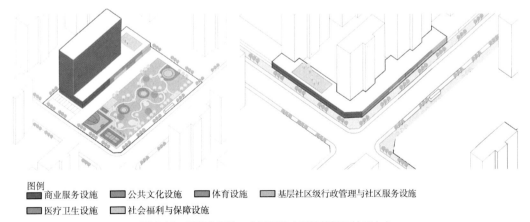

图例　■商业服务设施　■公共文化设施　■体育设施　■基层社区级行政管理与社区服务设施
　　　■医疗卫生设施　■社会福利与保障设施

图 3.12　可集中用地，亦可不集中用地的基层社区中心

实践中也出现一些灵活集中用地的处理，这些被证明合理的方式应被及时总结。将基层社区中心复合建设于该居委会辖区内的居住社区中心中，就是一种加强特定位置居住社

区中心的集中功能但减少集中用地的社区中心数量的方法。

因此，结合具体条件进行精细化的用地管理是非常重要的。有的情况下应该强集中甚至更强集中，有的情况下相对集中、适当分散，有的情况下则不需要集中用地。

3.4.3　提升社区中心空间的设计品质和吸引力

新形势下人民群众对生活圈空间品质要求不断提高，应着力加强城市设计，引导具有在地特色和吸引力的高品质中心空间。早期已建成的社区中心面临着更新挑战，应探索中国特色的社区中心空间治理机制，在党建引领、政府引导下，组织社区参与，善用市场力量，契合社区居民需求，优化功能配置；重视已经形成的既有中心空间特色，未来发展中注意延续和强化特色，不断增进人民群众的社区黏性和自豪感，从而更能树立主人翁的意识，积极参与社区治理。我国苏州工业园区邻里中心的更新、新加坡邻里中心的更新，提供了早期社区中心适应新需求的优秀案例。

武汉青山印象城，在商业中心改造中融合了社区服务设施功能，包括高品质的图书馆、社区卫生服务中心、社区党群服务中心、儿童亲子活动等公益功能。尽管公益设施面积仅占一小部分，但一方面带动人流促进商业经营，另一方面通过商业经营反哺公益设施运营，达到公益与商业的良性互动。

3.4.4　加强融合社区服务设施的用地供给弹性和用途兼容性

新加坡新镇在规划的邻里中心外，为社区服务设施提供了更多空间供给可能，对规划的中心起到重要的补充作用，并且重视近邻服务和社区在地性，实际上形成了更为丰富的日常生活空间网络。中国当下倡导的15分钟生活圈重视居民需求应对，若仅依赖规划的社区中心，则难以满足居民更为多元化的需求。应结合当地城市复杂的要素流动关系，正确理解生活圈的时空观以及保基础、提品质和特色化的发展要求，营建合适的生活圈空间网络。中国详细规划的用地管理体系，应为该网络的动态完善提供空间支持，加强融合社区服务设施的用地供给弹性和用途兼容性，特别是对闲置用地的再利用，对公有存量用房的增效使用，对商业、商住混合、商办混合、新型工业等用地融合社区服务设施用途的鼓励和引导，重视对居住街坊级设施的鼓励和引导，为时机成熟时有关力量供给设施提供空间支持。应对社区嵌入型设施提供政策扶持，合理放宽经营许可，激活市场和社会力量。

4

第四章 | 社区公共空间
研究与规划引导

4.1　社区公共空间发展的趋势

4.2　社区公共空间面积指标及可达性评估

4.3　社区公共空间形态分析和聚类

4.4　低绩效街道的规划引导

4.1

社区公共空间发展的趋势

以"社会—空间"的整体视角来看[39]，物质属性定义下的公共空间侧重关注空间的客观形态与构成，社会属性定义下的公共空间强调其承载的活动群体与多元活动类型，两者关联且受制度和机制的影响。本研究关注的社区公共空间，广义上可被认为是社区公共设施配套的一种要素，但与设施建筑不同，空间表征为建筑外部的公共空间，包括承载居民休闲活动、交往活动以及体育运动等多种功能的各级公园绿地、广场以及小型公共空间。

工业革命后的现代城市规划对绿地等开放空间的关注，不同于农业社会时期城市中的礼仪性公共空间和市场公共空间，民众的健康福祉、不同阶层人群共享的公共领域成为追求的目标。各种现代和当代城市规划的模型，如田园城市、邻里单位、有机城市、生态城市等，运用绿带—绿地、生态廊道—生态斑块等概念倡导健康发展。随着人文思想对城市发展的影响剧增，公共空间的文化特性、社会属性以及功能构成被不断强调，相应的城市规划和管理更加细致。新城市主义提出的精明准则中，突出了与城乡断面分区衔接的公共空间层级类型，从外围的生态绿地到内部的广场、游戏场地，生态性、规模、功能随之不同[66]。

随着可持续发展理念的全球普及，为进一步摆脱石油依赖、倡导更低碳的生活方式，步行友好、混合用途等发展概念得到广泛推广。信息技术发展背景下，创新型人才对城市的选择更趋向于包容、开放、便利、可支付性高的城市环境，进一步推动了公共空间的品质提升。近年不少国家的城市政府或机构倡导30分钟（如澳大利亚悉尼）、20分钟（如美国波特兰）、15分钟（如法国巴黎）、10分钟（如比利时布鲁塞尔），甚至1分钟（瑞典斯德哥尔摩）城市的愿景，更体现出政府意志与市民需求的结合。然而，对于这种规划理念，近年也出现了很犀利的批评，一些学者认为这是不符合城市社会经济发展规律的某种政治口号[67]，还有学者指出过于强调当地出行可能导致更强的社会经济隔离，对低收入社区的发展不利[68]。我们应更全面思考 X 分钟城市或社区的意义和效果，对什么是更合适的机动性进行更深层次的思考。社区公共空间作为促进人们共享、交流和健康运动的空间，如何通过规划促进其更合理地分布而非更简单均匀地分布，值得进行全面而深入的研究。

本研究关注的社区公共空间，不是狭义的社区"内"的公共空间，而是社区居民"可达"的公共空间。要想摆脱对过于理想化的乌托邦式平均主义的追求，必须从理解现状开始。社区公共空间的现状分布，产生什么样的效用？这些空间是如何被组织在城市系统中的，即其嵌入城市空间的特征规律如何？对空间特征和效益的认知，有助于在城市整体层面把握全局，制定更有效的公共空间投资和治理策略，并引导不同特征的地区根据现实条件采取针对性措施。

4.2

社区公共空间面积指标及可达性评估

对公园绿地、开放空间的绩效，基于不同的研究目的，学者们提出相应的绩效评估方法。周聪惠[69]对公园绿地绩效的不同评测方法进行解读，比较各绩效评估方法的优缺点以及使用的情景，为定量分析公共空间绩效提供了选择，提高了绩效评估手段的科学性。在服务覆盖率和使用便利度方面，杜伊等[70]展开了对生活圈公共开放空间绩效的研究，基于满足居民日常生活休闲需求的目标，结合 ArcGIS 平台，对公共空间各项指标与服务范围做出具体分析，为公共空间建设提供引导依据。

本研究基于可获取的数据，采用了相对简洁明了的绩效研究方法。《城市居住区规划设计标准》（GB 50180—2018）给出了生活圈居住区的公共绿地控制指标，可以将该指标作为衡量社区公共空间建设的尺子，见表 4.1。为了解基层行政辖区公共空间的建设情况，可从该指标体系中蕴含的人均绿地指标和步行可达指标出发进行计算。以街道辖区为单元，计算各街道辖区单元的生活圈人均绿地面积；以居住地块为单元，计算各地块步行距离范围内可获得的绿地总量。观察这两个数据的达标情况，以及达标、非达标单元在空间的分布情况，可以对一个城市的社区公共空间面积指标及可达性状况有所判断。

表 4.1　城市居住区规划设计公共绿地控制指标

类别	人均绿地面积/($m^2 \cdot 人^{-1}$)	备注
15 分钟生活圈居住区	2.0	不含 10 分钟生活圈及以下居住区的公共绿地指标
10 分钟生活圈居住区	1.0	不含 5 分钟生活圈及以下居住区的公共绿地指标
5 分钟生活圈居住区	1.0	不含居住街坊的绿地指标

1）以街道辖区为单元的人均绿地指标达标情况

标准中上一个层级指标不包含下一层级指标，15 分钟生活圈居住区中绿地总量应是 3 个层级绿地量之和。街道辖区大致对应 15 分钟生活圈，人均绿地面积标准应为 3 个层级人均绿地面积之和 $4\ m^2$。人均绿地面积小于 $4\ m^2$ 的街道为未达标准的街道，人均绿地面积大于等于 $4\ m^2$ 的街道为达到标准的街道。

通过计算，南京市未达标准的街道数量为 32 个，主要为分布在老城范围及其周边的街道和少量外围街道。人均绿地面积超过 $10\ m^2$ 的街道数量最多，达到 40 个，这些街道的绿地资源丰富。其余街道人均绿地面积值介于 $4\sim10\ m^2$。见图 4.1。

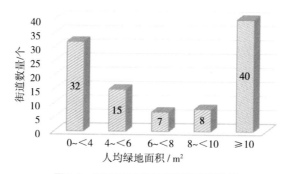

图 4.1　不同人均绿地面积值的街道数量

这些未达标街道中，老城范围内用地紧张，人口密度高，人均绿地面积较小，除了挖潜用地外，对有限的公共空间提高服务效率与服务质量，引导高效集约发展是老城区内公共空间建设的主要目标；老城外围区未达标的街道，则主要是由于公园绿地的建设滞后于城市发展，潜力空间虽较充足但利用不足。

2）以居住地块为单元的"5 分钟、10 分钟、15 分钟"步行范围绿地可达性

绿地可达性评估以识别出的居住小区质心为出发点，分别以 5 分钟、10 分钟、15 分钟所对应的适宜步行范围 1 000 m、600 m、300 m 为服务半径，沿现状路网计算服务区，计算

与城市联动的社区生活圈研究与规划

该居住地块在 3 个层级出行范围可接触到的绿地面积。

根据《城市居住区规划设计标准》（GB 50180—2018）对各级生活圈人口规模和公共绿地控制指标相关要求，设定达标数据。

（1）5 分钟绿地可达标准

5 分钟生活圈居住区人口规模 ×5 分钟生活圈居住区人均绿地面积 =（5 000~12 000）人 ×1.0 m²/ 人 =5 000~12 000 m²

（2）10 分钟绿地可达标准

10 分钟生活圈居住区人口规模 ×（5+10 分钟生活圈居住区人均绿地面积）=（15 000~25 000）人 ×2.0 m²/ 人 =30 000~50 000 m²

（3）15 分钟绿地可达标准

15 分钟生活圈居住区人口规模 ×（5+10+15 分钟生活圈居住区人均绿地面积）=（50 000~100 000）人 ×4.0 m²/ 人 =200 000~400 000 m²

从绿地可达性来看，市域范围内 15 分钟生活出行范围达标情况较好，10 分钟次之，5 分钟较差，说明公共空间服务能力对于 15 分钟生活圈依赖程度较高，社区级公园绿地较为紧缺。主城区居住地块 15 分钟绿地可达性明显比周边区域高。

总体来看，人均绿地面积与居住小区实际可达公共空间情况不匹配，主城尤其是老城范围内虽然绿地面积量不足但公共空间可达性较好；而主城外围区域虽然人均绿地面积较大，但可达性却较差，而且相对于主城，5 分钟、10 分钟、15 分钟可达性的差别呈现拉大趋势。见图 4.2。

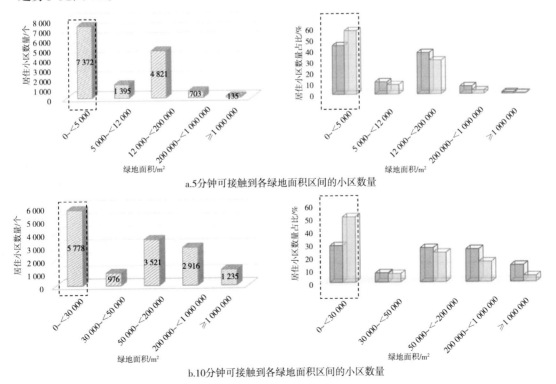

a.5 分钟可接触到各绿地面积区间的小区数量

b.10 分钟可接触到各绿地面积区间的小区数量

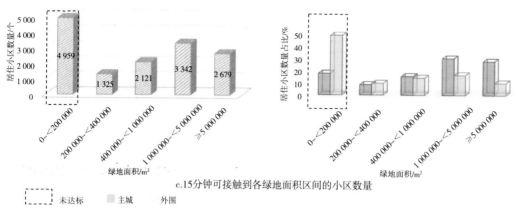

c.15分钟可接触到各绿地面积区间的小区数量

未达标 ⬚ 主城 外围

图 4.2 5分钟、10分钟、15分钟整体、主城和外围可接触到各面积区间的小区数量

4.3

社区公共空间形态分析和聚类

1）研究思路

生活圈视角下的社区公共空间，更加关注公共空间与居民日常生活的关系，旨在通过提高公共空间服务于居民日常生活的效率和质量，提高城市生活的宜居性。对狭义社区公共空间的研究大多局限在居住区范围[71]，当然这部分的社区公共空间是很重要的，却不能代表社区居民可及的所有公共空间。事实上，一些高等级公园、滨河沿山绿带等在特定的出入口设计条件下，均可以服务于周边的社区。因此在本研究中，生活圈视角下关注的社区公共空间更为广义。

公共空间是嵌入在城市中的，公共空间的生成机制与其依托的城市空间之间具有密切的联系。形态学为研究这种空间关系提供了分析方法。康泽恩（Conzen）学派对于城市形态的研究关注于不同形态要素的相互作用关系，单一形态要素分析无法全面认知形态学单元的组织与构成，必须将其置于城市空间体系中加以研究。通过这种方法，可以探究城镇发展格局背后的社会、经济、政治等方面的动力机制，才能对今后城市空间体系提出合理的预判与引导。以穆勒托尼 – 卡尼吉亚（Muratori–Caniggia）学派为代表的类型形态学研究重点关注空间的层级结构关系，即"建筑—地块—肌理—城市—区域"层级性的空间逻辑，将建筑实体空间与建筑外虚空间构成的地块形态与街道空间组合，探讨城市形态构成，关注更为微观和局部的空间尺度，研究不同发展背景下的空间物质表征及类型解读，对针对不同类型城市空间形态提出相应的引导设计策略具有重要意义。随后，克鲁普夫（Kropf）[72] 在康泽恩和穆勒托尼 – 卡尼吉亚学派的基础上，提出层级结构研究的方法，使形态学研究更为精细化，形态表述更为清晰。在这个层级图中，建筑外的虚空间与实体空间一样重要，共同建构出城市空间。

由于住区是城市中面广量大的空间，形成的肌理对城市空间具有重要影响，因此基于形态学对住区的研究十分丰富。但是侧重社区公共空间的研究却不多，近年在高品质发展的指导思想下，这方面的研究逐渐出现，如孙彤宇[73] 提出在关注公共空间本体的基础上，加强对周边要素的研究，因此他提出了以建筑为导向的城市公共空间模式，强调建筑界面、色彩、功能对公共空间活力同样有很重要的影响；汪丽君等[74] 对天津滨海新区的小微空间进行形态类型解析与活力空间塑造，旨在提高空间服务水平与质量。可以看到相关研究大多数集中在居住区范围，令人欣喜的是在以人为本、强调步行可及的生活圈发展理念指导下，开始出现进一步拓展范围的研究，如徐振等[75] 对公园绿地步行范围内城市形态进行分析，对城市公共空间便利性与环境本底提供评估方法。

本研究以南京为研究案例，在这方面进行了新的探索。首先基于生活圈理念建构适宜的社区公共空间形态表述框架，包括层级结构以及相应形态属性、步行范围的城市形态属性。进而通过聚类研究，发现南京社区公共空间嵌入在城市中的分布特征。再结合 4.2 节的绩效评价，为低绩效街道制定呼应分布特征的社区公共空间提升导则，打下研究基础。

2）形态表述框架和属性
（1）层级结构

在社区公共空间形态表述与分析中，借鉴康泽恩学派的分析方法，研究形态规划单元内的土地与建筑的使用功能、建筑形式和平面格局的相互作用关系。同时借鉴穆勒托尼 – 卡尼吉亚学派的层级结构表述分析，研究"城市肌理—道路交通/街区地块—功能地块（公共空间、居住地块、其他功能地块）—建筑"等不同层级的形态关联。将城市形态研究与形态类型进行比较与结合，提出社区公共空间的形态表述框架，见表4.2。

表 4.2　社区公共空间的形态层级结构

城市肌理				
街区地块				
功能地块				
管理地块		社区级公共空间 （5 分钟可达）	城市级公园绿地 （10~15 分钟可达）	道路交通
完整建筑	街坊级 / 附属绿地 及公共空间	游园 （0.5~1 hm²）	综合公园 （> 5 hm²）	
底层非居住 建筑空间		广场等小型公共空间 （小于 0.5 hm²）	社区公园 （1~5 hm²）	

（2）形态属性

在形态属性的选取上，公共空间自身形态属性可以通过规模、形状等属性进行表征，与周边城市形态关联属性可以通过公共空间 15 分钟生活圈范围内的居住地块、其他主体功能地块、道路交通的形态属性来表述。

①自身形态属性

本研究的社区公共空间形态属性主要分析规模属性和形状属性，前者可以反映公共空间的服务能力，后者一定程度上反映社区公共空间的服务便利性。社区公共空间的区位属性和年代属性，与周边城市形态的相关属性不可分离；另外，公共空间的年代属性数据也难以获取，反而是周边居住小区建成年代数据可以获取。故这两个属性通过周边城市形态属性来反映。

②周边城市形态属性

通过既有方法的研究与比较可以发现，公共空间的形态不是独立于其他城市形态之外的，它与其他形态要素嵌合与制约，因此我们不能把公共空间这一"图层"单独提取出来进行分析。城市尺度的社区公共空间形态评估，由于研究范围较大、数据较多，对于微观空间关注度不足，因此分析时重点关注社区公共空间地块与居住地块、其他功能地块和道路交通的构成关系。考虑到社区公共空间的影响范围与主要服务对象，结合生活圈形态规划单元，以社区公共空间 15 分钟生活圈范围为影响域，分析公共空间与周边城市要素的构成关系及形态类型。见图 4.3 和图 4.4。

图 4.3　社区公共空间 15 分钟生活圈影响域范围示意

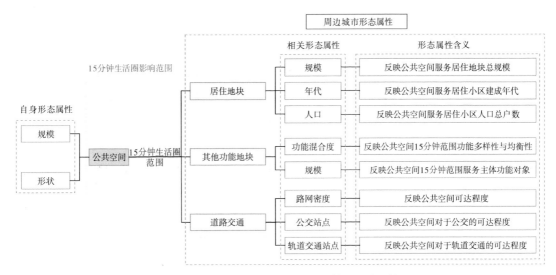

图4.4 公共空间15分钟生活圈范围形态属性

由于城市整体层面的分析获取到社区公共空间出入口存在一定困难，故以社区公共空间功能地块质心为起始点，沿现状路网构建15分钟（1 000 m）服务区，计算服务区内的居住地块、其他主体功能地块、道路交通及公共空间的自身形态特征。经统计，规模大于5 hm^{2}的公共空间仅占3%左右，多数公共空间以质心为出发点到公共空间边界距离小于100 m，数据差异较小，具有一定科学性。

首先，考虑到公共空间主要服务对象，分析15分钟生活圈范围影响域内的居住地块相关形态属性，统计其规模、年代、人口情况。规模为该影响域内的居住地块总面积，从一定程度上反映社区公共空间服务于居住用地的能力；居住小区的平均建成年代和总户数也从一定程度上反映社区公共空间的形态特征规律，对于社区公共空间形态和居住地块相关属性关联研究有一定意义。其次，根据社区主导功能，除居住社区外，还有产业、商务、科创等功能，功能混合度及其规模也对公共空间具有一定影响。最后，道路交通从一定程度上影响与制约着公共空间形态，如路网密度影响公共空间尺度和可达程度，公交站点和轨道交通站点也对公共空间服务效益具有重要的影响，因此针对道路交通从路网密度、公交站点、轨道交通站点三方面进行表述与分析。

现状用地分类基本情况数据来自2017年南京市控制性详细规划信息汇总，对南京市G类用地进行提取与筛选，剔除G2类防护绿地，而Eg郊野绿地对于居民日常社区生活圈影响较小，也不包含于研究对象中。因此，城市整体层面的南京市社区公共空间的研究对象为G1类公园绿地（G1a综合公园、G1b专类公园、G1c街旁绿地）和G3类广场用地。统计到用地个数6 404个，总面积6 531.25 hm^2。现状路网、公交站点和轨道交通站点主要来自高德地图的开源数据，依据现状卫星图进行校正，得到较为准确的城市道路情况；现状居住小区的建成年代和人口规模主要为通过房屋交易网站获得的2018年居住小区相关数据，人口规模数据主要为获取的总户数情况。基于以上获得的数据，对社区公共空间形态进行分析。

3）形态分析与聚类结果

（1）社区公共空间自身形态属性

结合《城市居住区规划设计标准》（GB 50180—2018）和南京市、上海市等地方标准，将 0.03 hm²（对应最小广场面积规模）、0.5 hm²（对应 5 分钟基层社区游园面积规模）、1 hm²（对应 10~15 分钟社区公园面积规模）、5 hm²（对应综合公园面积规模）作为尺子衡量社区公共空间规模属性。综合公园、10~15 分钟社区公园、5 分钟基层社区游园的数量逐级递增；小于 0.5 hm² 的小微绿地广场数量陡增，其数量多且也能提供一定的休闲活动功能，对于无法实现标准中公共空间规模要求的区域具有较好的补足作用，在城市公共空间中是非常重要的公共空间。见图 4.5。

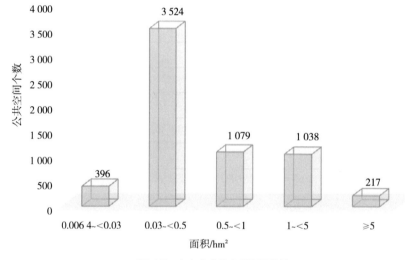

图 4.5　南京市公共空间规模统计

公共空间形状属性通过形状指数来表征。形状指数是指公共空间功能地块周长与面积的比例关系，反映公共空间的形状复杂程度。以圆形的形状指数为标准，形状越接近圆形、形状指数越接近 1 的地块，形状越规整，反之越复杂。计算出来的形状指数以间隔为 1 进行统计，形状指数处于区间 1~<2 的公共空间形状较为规整，形态表现上主要为点状和面状空间，在 2~<3 区间内的公共空间主要为条状公共空间，在 3~<4 区间内的公共空间以边界形状更不规整的条形公共空间和线性空间为主，形状指数大于等于 4 的公共空间基本为线性公共空间。见表 4.3。

表 4.3　不同形状指数区间的公共空间形状示意

形状指数区间	1~<2	2~<3	3~<4	4~<5	5~<6	≥6
公共空间形状	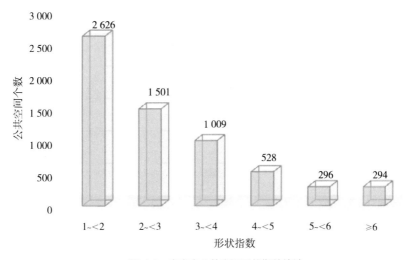					
周长 /m	4 180.72	791.76	4 972.06	1 039.90	1 573.13	3 184.44
面积 /hm²	98.61	1.00	14.96	0.49	66.62	1.60
形状指数	1.19	2.23	3.63	4.20	5.32	7.10

统计得出，42% 的公共空间形状指数处于区间 1~<2，说明南京市公共空间主要以点状、面状为主；24% 的公共空间形状指数处于区间 2~<3，主要为条状公共空间；其余公共空间形状指数大于等于 3，主要为线性公共空间。根据现状公共空间分布情况来看，点状和面状公共空间大多为街区地块内部公共空间和综合公园；线状和条状公共空间大多沿街沿山体水体等。见图 4.6。

图 4.6　南京市公共空间形状指数统计

（2）形态属性聚类结果

经计算，社区公共空间周边 15 分钟范围城市形态属性，大多表现为连续的定比变量，将量化后的形态属性数据标准化，少量非定比变量不参与运算。采用适用于较多数据量运算的 K 均值聚类方法，计算最终聚类中心、各聚类个案数目，对聚类结果进行统计，分析各形态要素对聚类的影响比重、最终聚类形态属性特征和各聚类占比情况。

K 均值聚类方法的原理为，以各样本属性值在坐标空间中的欧式距离反映样本之间的属性差异，通过聚类方法计算各样本距离聚类中心的欧式最小距离，聚类结果为组内数据相似性最高且组间数据差异性最大。采用误差平方和（Sum of Squared Error，SSE）分析的方法，使聚类过程中的聚类误差平方和不再随着 K 值的增大而进一步显著减小，从而得到适当的 K 值。

本研究观察当 K 值达到 12 之后，随着 K 值的增大，聚类内误差平方和趋近稳定，故选取 $K=12$ 作为本次均值聚类的聚类个数值。见图 4.7。

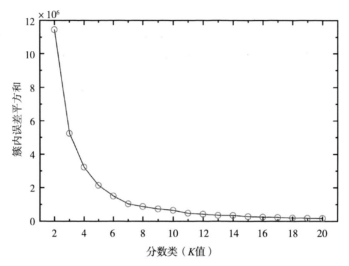

图 4.7 南京市社区公共空间属性 K 均值聚类分类数（K 值）误差平方和结果

最终聚类中心是将公共空间形态属性分为 12 组后的每一组相似形态属性特征，经 SPSS 软件计算，并将标准化数据进行还原，得出最终的南京市社区公共空间形态属性特征聚类情况。见表 4.4 和表 4.5。

表 4.4 南京市社区公共空间形态属性聚类

序号	公共空间面积 /m²	公共空间形状指数	15 分钟范围居住地块规模 /m²	15 分钟范围小区人口规模 / 户	15 分钟范围功能混合度	15 分钟范围路网密度 / (km·km⁻²)	15 分钟范围公交站点 / 个	15 分钟范围轨道交通站点 / 个
1	6 518.706	2.443	268 838.966	4 008	1.445	7.105	9	1
2	7 638.568	6.274	237 290.816	2 359	1.221	6.656	4	0
3	7 248.813	3.255	254 839.998	3 212	1.213	8.436	5	0
4	7 504.340	2.275	149 421.817	1 006	1.434	6.472	3	0
5	986 074.542	12.831	12 553.204	0	0.207	7.019	8	1
6	415 815.406	2.702	45 582.315	163	0.372	6.169	1	0
7	443 152.243	1.787	36 401.962	432	0.179	6.294	1	0
8	4 330.018	2.384	622 160.709	16 276	1.385	7.760	10	0
9	6 536.640	2.401	583 796.431	7 074	1.186	7.016	8	0
10	675 491.219	2.201	557 416.103	460	0.143	5.634	1	0
11	174 779.080	2.238	448 631.089	1 835	1.056	6.601	5	0
12	3 420.302	2.294	606 509.452	23 007	1.442	8.663	34	2

通过对南京市社区公共空间形态属性聚类结果进行分析，聚类 5、7、10 由于个案数目只有 1、7、4 个，不具备单独讨论意义，而不同聚类之间存在一定的相似性。因此依据聚类中心的数据情况将结果分成 4 类。见图 4.8。

① 15 分钟范围居住规模大、配套设施完善且交通便捷的公共空间（个案数占比 12.8%）

从南京市社区公共空间形态属性聚类结果来看，聚类 8、聚类 12 公共空间 15 分钟范围居住地块规模分别为 622 160.709 m²、606 509.452 m²，小区人口规模分别为 16 276 户、23 007 户，功能混合度分别为 1.385、1.442，路网密度分别为 7.760 km/km²、8.663 km/km²，公交站点分别为 10 个、34 个，轨道交通站点分别为 0、2 个，公共空间自身面积分别为 4 330.018 m²、3 420.302 m²，形状指数分别为 2.384、2.294。

由此可见，聚类 8、聚类 12 公共空间 15 分钟生活圈范围居住地块规模大、小区人口规模大、功能混合度较高、道路交通可达性较好，且公共空间自身面积较小。其中，聚类 8 个案数为 586 个，占比 9.4%，聚类 12 个案数为 212 个，占比 3.4%。该类公共空间多位于各街道内集约发展的核心区域，多数使用频率较高，可能会存在过度使用的问题，应重点关注该区域的公共空间布局是否满足规模标准和长期维护问题。

② 15 分钟范围居住规模小、功能单一、公共交通不便的沿山沿水沿路公共空间（个案数占比 14.9%）

聚类 6 个案数占比为 14.9%，该聚类公共空间自身面积为 415 815.406 m²，形状指数为 2.702，15 分钟范围居住地块规模为 45 582.315 m²，小区人口规模为 163 户，功能混合度为 0.372，路网密度为 6.169 km/km²，公交站点为 1 个、轨道交通站点为 0。

从形态属性来看，该聚类公共空间自身面积很大、15 分钟生活圈范围内人口户数少、功能混合度较低、道路交通可达性较差。从城市布局来看，该类公共空间大多分布于沿山、沿水、沿路区域。由于使用人数和可达性限制，该类公共空间使用频率可能较低，活力相对不足。使用该类公共空间的交通方式除了步行外，非机动车以及机动车方式将大为增加，应重点关注公共交通的可达以及停车、换乘等问题。

③ 15 分钟范围用地混合度较高、交通较便捷的公共空间（个案数占比 40%）

聚类 1、聚类 4 为聚类结果中个案数较多的类型，其中，聚类 1 占比 16.5%，聚类 4 占比 23.5%。公共空间自身面积分别为 6 518.706 m²、7 504.340 m²，形状指数分别为 2.443、2.275，15 分钟范围居住地块规模分别为 268 838.966 m²、149 421.817 m²，小区人口规模

表 4.5　每个聚类中的个案数目

序号	个案数	占比
1	1 033	16.52%
2	563	9.00%
3	549	8.78%
4	1 471	23.52%
5	1	0.01%
6	934	14.93%
7	7	0.11%
8	586	9.37%
9	816	13.05%
10	4	0.06%
11	78	1.25%
12	212	3.39%
有效	6 254	
缺失	0	

公共空间所属聚类

聚类1
聚类4
聚类6
聚类7
聚类10
聚类2
聚类3
聚类9
聚类11
聚类8
聚类12
聚类5

图 4.8　南京市社区公共空间形态属性聚类结果

分别为 4 008 户、1 006 户，功能混合度分别为 1.445、1.434，路网密度分别为 7.105 km/km²、6.472 km/km²，公交站点分别为 9 个、3 个、轨道交通站点分别为 1 个、0。

该类公共空间 15 分钟生活圈范围用地功能混合度较高，说明该类公共空间的服务对象也较为多元化，片区城市功能较为丰富。应重点关注该类公共空间的开放与共享，对于用地紧张区域可通过附属公共空间分时使用等方式为人群提供多样化的活动体验。

④形态属性没有特别突出表征的公共空间（个案数占比 32%）

剩下的聚类 2、聚类 3、聚类 9、聚类 11 分别占总聚类的 9.0%、8.8%、13.0%、1.2%，公共空间自身面积分别为 7 638.568 m²、7 248.813 m²、6 536.640 m²、174 779.080 m²，形状指数分别为 6.274、3.255、2.401、2.238，15 分钟范围居住地块规模分别为 237 290.816 m²、254 839.998 m²、583 796.431 m²、448 631.089 m²，小区人口规模分别为 2 359 户、3 212 户、7 074 户、1 835 户，功能混合度分别为 1.221、1.213、1.186、1.056，路网密度分别为 6.656 km/km²、8.436 km/km²、7.016 km/km²、6.601 km/km²，公交站点分别为 4 个、5 个、8 个、5 个，轨道交通站点均为 0。

该类公共空间形态属性存在一定差异，但整体没有突出的特异性表现，在城市空间的布局也较为分散。由于该类公共空间各类形态属性均大致处于适中值，可依据具体情况、具体可挖潜的特质以及当地居民的需求进行具体分析之后，加以改善。

4.4

低绩效街道的规划引导

基于前文的人均绿地指标和可达性评估，对低绩效的街道生活圈进行规划引导。引导并非一味理想化地提高指标，或孤立地就公共空间本身去提高可达性，而是进一步结合这些街道中形态属性聚类呈现出的空间规律特征，实事求是地选择适宜路径，在城市整体层面优化公共空间布局、提升服务效率和可达性。

4.4.1 老城低绩效街道生活圈公共空间引导

1）形态特征

（1）公共空间：受到早期城市格局影响，公共空间面积小、形状规整并且分布较为零散。

（2）居住用地：居住地块规模与人口呈现高值特征。

（3）其他功能用地：功能混合度高，商业和公共设施多且集聚性强。

（4）道路交通：呈现小街区密路网的形式，公交站点、轨道交通站点密度高，为公共空间提供了良好的可达性。

2）优化策略

该类低绩效街道的主要表现为人均公共绿地面积远未达标，但可达性较好。在存量发展背景下，老城生活圈的公共空间挖潜为主要优化路径。

（1）挖潜小型公共空间：利用城市中的街角空间、建筑之间的空间、公共设施附属空间等其他闲置空间，见缝插针地营造社区公共空间，补充公共空间存量的同时丰富公共空间的功能。

（2）营造部分沿街商业公共空间：对闲置的沿街商铺建筑前空间进行充分利用，给予该地块权属所有者在这些空间适当经营的权利，作为维护该公共空间职责的回报。

（3）分时、分段共享其他空间：对于某些具有半公共属性用地中的公共空间，例如高校等大单位内部公共空间以及企事业单位沿街非办公区域，可以采取灵活时段、部分范围开放的策略，做到闲置公共空间资源的再利用。

（4）立体化改造社区公共空间：有条件的公共建筑可通过建设屋顶绿化增加公共空间面积；对于社区内部以及沿街社区公共空间，可构建立体化的景观形式，丰富景观体验的同时增加了社区公共空间的使用面积。

（5）实施更新地块的公共空间对外开放激励机制：在地块有机会进行更新时，对更新主体方实施公共空间开放激励的机制，即当更新地块有部分开发为对外开放的公共空间时，对地块产权方给予税收减免等相关奖励。

（6）构建社区慢行网络：依托人行道、支路、街坊内部空间打造尽量连续的社区慢行道，联通各公共空间节点。

3）优化布局模式

老城低绩效街道生活圈公共空间优化模式见图4.9。

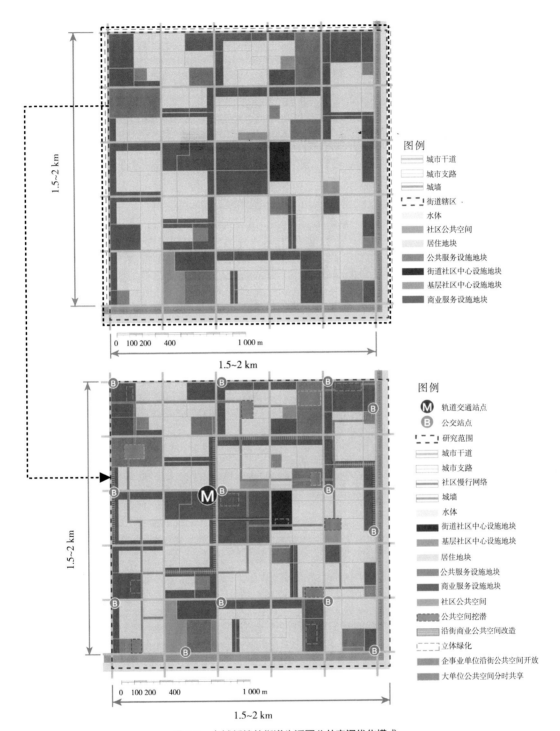

图 4.9　老城低绩效街道生活圈公共空间优化模式

4.4.2 新城低绩效街道生活圈公共空间引导

1）形态特征

新城空间格局与老城相比，街区形状与道路网络更为规整；居住地块受到当代居住区规划模式的影响，地块规模较大；设施规划布局更具有层级性的特点，集聚型的中心空间形态与斑块状分散的设施相结合；但公共空间分布不均匀。

（1）公共空间：新城具有一定的公共空间规划体系，但由于分期建设和一些现实情况的限制，公共空间面积虽普遍较大但分布不均衡；居住地块内一般有一定的集中绿地；沿路的小型公共空间较少。

（2）居住用地：居住人口规模与居住用地面积规模相对适中。

（3）其他功能用地：功能混合度低于老城；商业和公共设施配套较为齐全，以斑块和散点的集聚形态为主。

（3）道路交通：相较于老城的路网形态，新城生活圈路网尺度普遍较大；公共交通可达性方面，新城区域虽然没有老城内公共交通站点密集，但相对交通需求来说，公共空间可达性也较好。

2）优化策略

该类低绩效街道主要表现为可达性较差，人均公共绿地面积表现并不差。优化公共空间的可达性为主要目标。

（1）营建慢行空间与社区绿道体系：新城通常规划有大面积的高等级城市公共空间，可能是公园绿地，也可能是大型公共设施，但是可达性差限制了居民对其的利用。完善慢行空间体系，尤其是加强社区绿道建设，将大型城市绿地与居住用地良好连接，让居民更舒适地通过步行或骑行的方式到达高等级公共空间。

（2）加强各级社区中心公共空间及轨道交通站点周边的步行网络：各级社区中心公共设施和公共空间分布较为集中，交通枢纽带来一定人流，可结合交通枢纽与各级社区中心绿地，增强其周边的步行网络，优化周边社区与社区中心的步行联系。

（3）探索大型街区开放的可能性：新城存在一些效益低下的大街区，如早期的一些工业地块现已成为低效用地，可通过治理协商与政策激励等手段，探索大街区高效利用、增设步行路网或建设公共空间和开放使用的可能性。

（4）适当增设立体步行设施：新城区由于城市快速路、绿化带等的阻隔，道路也普遍更宽，导致慢行网络不连续，可通过架设天桥、地下通道等形式，增加慢行网络的连通性。

（5）丰富防护绿带的形式与功能：新城的建筑退界距离要求一般远大于老城，不少城市干道的居住地块退道路红线动辄 15 m 以上，沿快速路退线更多，可利用这一条件设置社区绿道，提高自行车骑行和慢行路网密度，还可以进一步优化完善沿线功能，作为对社区公共空间的补充。

3）优化布局模式

新城低绩效街道生活圈公共空间优化模式见图 4.10。

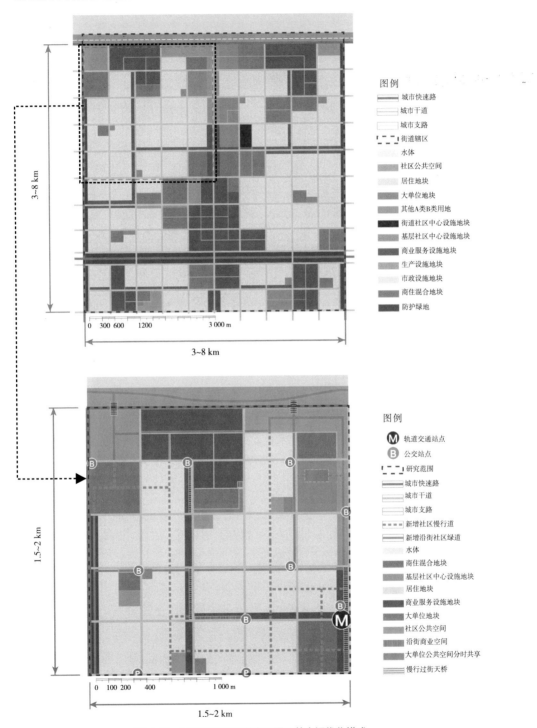

图 4.10　新城低绩效街道生活圈公共空间优化模式

4.4.3 涉农低绩效街镇生活圈公共空间引导

1）形态特征

涉农区县辖区的区县政府所在地、镇，在推动城乡统筹发展和就地城镇化方面起到重要的空间节点作用。涉农街道的城市建成区一般基于老乡镇发展而来，空间形态一般呈现圈层特征，外部为农林等非建设用地、郊野绿地、工业与物流仓储用地等功能，中心集聚商业与服务业，中部为功能混合区域。

（1）公共空间：形式比较多元，包含线性绿地、点状绿地等多种形式，分布不均衡，建设品质也多逊色于主城区；外围较多的郊野绿地不适宜社区使用。

（2）居住用地：公共空间15分钟范围的居住地块规模与人口多呈现较低值特征。

（3）其他功能用地：公共空间15分钟范围内不同用地的功能混合度也较高，老集镇所在区位的公共设施集聚度高，一些新建商业服务中心也有明显设施集聚。

（4）道路交通：内密外稀的现象明显。老集镇地区的路网密度较密，但整体道路系统存在较多丁字路、断头路等现象，外围区域路网稀疏，公共交通可达性较差。

2）优化策略

该类低绩效街镇主要表现为公共空间可达性较差，也存在有绿地但功能差的现象。提升公共空间可达性和绿地建设品质是主要优化目标。

（1）增加道路网密度，打通道路断点：对于常见的丁字路、断头路以及路网不均的问题，可结合城市更新计划予以改善，具体改善哪处则要结合道路可达性计算和实施可能性综合考虑。最终选择具有可行性且能更高效改善道路可达性的实施方案。

（2）探索郊野绿地管理和社区利益的融合：该类街道周边通常有广袤的郊野绿地，但存在缺乏管理而使用不安全的问题，或过度管理而居民无法进入的问题。对于社区邻近的郊野绿地，可开放局部并置入合适的社区活动功能，如健康运动、生态教育等；探讨可与街道社区共同管理的方式。

（3）提升绿地功能品质：对于缺乏功能的绿地，应结合周边社区居民的需求积极置入适老宜小、体育锻炼等功能。

（4）利用低效用地、更新地块：统筹考虑城市发展与社区需求，充分评估将其功能置换为公共空间的可能性以及置换后的绩效水平，进行适当的功能转换。

（5）重视家庭和儿童友好：涉农街道通常是乡村地区家庭为儿童选择更好教育的首选地，营建家庭和儿童友好的社区公共空间系统，为儿童营造健康成长的公共空间，为家庭营造休闲轻松的游憩环境，将有力促进儿童在一个更好的环境里愉快成长，积极助推家庭健康城镇化。

3）优化布局模式

涉农低绩效街镇生活圈公共空间优化模式见图 4.11。

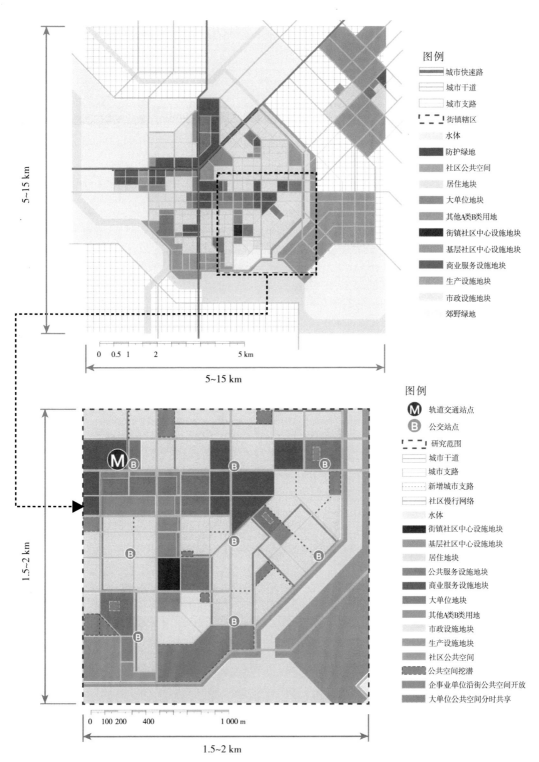

图 4.11　涉农低绩效街镇生活圈公共空间优化模式

4.4.4　郊野区域低绩效街镇生活圈公共空间引导

1）形态特征

郊野区域街镇的非建设用地占比较高，城市建设用地集聚规模较小，周边为散点状的村庄用地、工业用地或大规模的生态保护用地。

（1）公共空间：规模小、品质一般也较差。

（2）居住用地：居住地块规模与人口呈现低值特征。

（3）其他功能用地：不同功能混合度较低，公共服务与商业设施大都为满足居住日常生活需求的类型。

（4）道路交通：路网稀疏、公共交通可达性较差。

2）优化策略

该类低绩效街镇的人均公共绿地面积和公共空间可达性均较差。然而，由于该类街镇建设用地不够集聚，社区公共空间体系改善必须采取更为务实的方法。要结合区域城镇体系、城镇化及人口流入与流出分析、该地区产业发展前景分析，综合判断该地区属于收缩型地区、稳定型地区还是增长型地区。对于收缩型地区，根据财政和社区需求情况精明改善现有的社区公共空间；对于稳定型地区，可在改善现有公共空间基础上，逐年提升公共空间体系及其品质；对于增长型地区，则应积极推动公共空间体系的完善，以加快吸引人口、促进产业发展。

（1）改善既有社区公共空间：根据相关标准要求，完善既有社区公共空间的功能，尤其是体育休闲的基本活动功能；对有条件的居住地块，可改善慢行体系，既增加漫步功能，又加强与公园绿地的联系。

（2）充分利用生态郊野优势：对于社区邻近的郊野绿地，可开放局部并置入合适的社区活动功能，如健康运动、生态教育等；探讨可与街道社区共同管理的方式。若存在楔形绿廊、山水地区，则可在与社区交界处构建社区绿道，提供线性游憩服务的同时起到连接自然生态资源的作用。

（3）优化社区公共空间周边的路网与公共交通可达性：郊野区域生活圈不仅服务本地居民，也服务于周边乡村，而该生活圈居民也应有条件通过便捷交通去往周边拥有更好公共空间的生活圈。若有条件连接城市轨道交通，应围绕轨道交通站点布置较高级别的社区公共空间；没有条件连接城市轨道交通的话，可设置与相近轨道交通站点的公交换乘服务设施，如设置轨道交通摆渡车站等。当地公交系统应能联络起沿线的社区公共空间，将社区公共空间与居住区域、生产工作区域良好连通。

3）优化布局模式

郊野区域低绩效街镇生活圈公共空间优化模式见图 4.12。

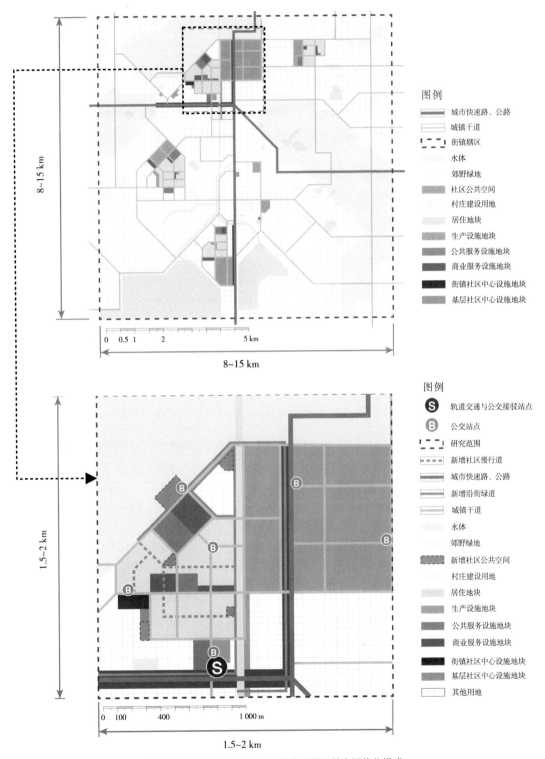

图 4.12 郊野区域低绩效街镇生活圈公共空间优化模式

5

第五章 | 生活性街道研究与规划引导

5.1 生活性街道研究的兴起

5.2 生活性街道的属性

5.3 生活性街道的活力与形态

5.4 规划引导

5.1

生活性街道研究的兴起

生活性街道贴近人们生活，是人们日常社区生活圈的必经之地，既承担社区渗透性连接和到达性连接的交通作用，还是体验城市的路径以及城市情感的依托。第一章提到对居民经常使用服务设施的空间形态进行调研，结果反映出街道对居民日常生活的重要性，具体而言体现在以下三方面。

1）街道是城市道路系统不可或缺的构成

城市快速路和主干路实现城市之间、城市分区之间交通连接功能，交通速度对其来说是首要的，但其并不能直接服务于周边用地；城市次干路、支路除了服务分区连接功能外，主要实现的是社区渗透性连接；城市支路更是以社区达到性连接功能为首要目标，不追求交通速度，倡导优质慢行交通。合理的城市道路网络密度在 4~20 km/km^2 之间，其中合理的干道网络密度为 1.3~2.2 km/km^2，而合理的社区生活圈道路密度为 8~10 km/km^2，从这些数字可以看出，生活性街道在城市中占据不可或缺的地位。

2）街道沿线分布最贴近人们生活的设施

相较于 10~15 分钟设施，5 分钟和街坊级设施虽然规模不大，但却是高频使用的日常设施，这些设施通常分布在生活性街道沿线。柴米油盐酱醋茶，几处经常光顾的餐饮店，路边的小花园小广场，欢声笑语的幼儿园，提供基本社区服务的居委会、居家养老服务中心，不一而足，这些温暖的小型设施更是老人、儿童经常光顾的去处，是社区情感的寄托。

3）街道是城市特色风貌的重要载体

对生活性街道的关注源自 20 世纪中后期城市研究领域中人文思想的影响，随着城市设计运动的发展被广泛重视。其后，街道及形态成为重要的研究领域，对街道空间关系的理性研究进一步推动了科学性和人文性的结合。生活性街道作为街道系统的研究子领域，也越来越得到广泛的重视，体现在全球各地的街道设计导则或基于形式的区划条款中。我国生活性街道的建设实践和研究在进入21世纪之后快速发展，在社区生活圈发展理念下其在实践中的重要性进一步凸显，研究也越来越体现多学科交叉的趋势。

5.1.1 城市规划与设计领域人文思想的影响

20世纪上半叶，在汽车时代的推动下，城市功能分区的现代主义规划思想盛行。郊区低密度、尽端路的形态模式，和中心城市高层高密度、大公园大广场的形态模式，由速度优先的城市交通廊道相连接。传统城市中的交通与功能、场所整合的街道，其独具的人文特征和场所特性逐渐被边缘化，城市安全问题、丧失文化特色问题开始浮出水面。20世纪60年代，简·雅各布斯（Jane Jacobs）对超级街区的批评、对街道眼的论述，开启了对现代主义规划理念忽视街道空间的反思[76]。克里斯托弗·亚历山大（Christopher Alexander）进一步论证了城市的复杂性，指出城市不是一棵树，对简单的树形结构规划可能导致对城市生命容器的破坏表示了担忧，他特别举了一个生动的街角案例——药店、信号灯、报刊亭和人们看报买报行为之间的关系，论述元素集合形成的结构可带来物质、经济和社会之间互动的城市效应，而简单的树形结构难以达成这种复杂联动效应[77]。

20世纪60年代，地理学界学者康泽恩对城市形态学的开拓性工作，进一步凸显了历史维度下复合城市空间结构的形态研究的重要性。他观察到传统的、连续的街道景观被现代、冷傲的巨型构筑物替代的危机，构建了一套形态学分析方法，将城镇平面格局和建筑肌理、土地利用紧密联系起来。平面格局要素复合体的第一个要素就是街道及其在街道系统中的布局，第二个要素是地块及其在街区中的集聚，第三个要素是建筑物基底平面。街道及其系统的特性，使其成为感知城镇景观风貌的重要载体，在人们日常生活中扮演极其重要的角色[78]。其后，形态学得到长足的发展，2017年克鲁普夫推进的、对形态的层级结构的科学表述方式具有广泛影响。形态层级中，街道与其沿线地块或地块序列形成的肌理，建构起认知街道的整体性框架[72]。

20世纪80年代，比尔·希利尔（Bill Hillier）基于计算科学对城市中"轴"空间网络关系的研究，极大拓展了对街道系统这一城市最重要的轴系统的科学认知[79]；90年代，他进一步提出空间组构理论，帮助人们理解城市中形式与功能的相辅相成，特别在城市局部与整体、人车流与场所、活力与安全、城市的自组织和有意识的规划设计的关系等问题上，提供了非常有效的研究方法[80]。进入21世纪，斯蒂芬·马歇尔（Stephen Marshall）进一步聚焦街道与形态，论述了街道的空间组成、组构和构成，并结合街道的速度和场所提出城市设计引导策略[81]。

上述研究有力推动了和街道有关的城市设计实践。20世纪70年代缘起于荷兰的生活街道乌纳夫（Woonerf）模式倡导以人为本的稳静化街道设计；90年代兴起的美国新城市主义、英国都市村庄等规划设计理念，倡导向有活力的传统街道学习，以更综合的思维处理大容量公交、机动车、非机动车和步行系统的关系，并和土地利用相结合。这些设计理念广泛应用于新城规划建设和老城区更新改造的实践中，塑造了不少宜人的生活性街道。21世纪以来日本对社区商店街的活化振兴，更进一步关注了社会经济振兴、居民情感依托和生活便利性的统筹兼顾。以人为本的街道设计理念不断深入，还体现在适应老龄化的包容性街道研究、儿童友好的街道研究、街道空间品质研究等。

在规划建设管理领域，规范、标准、导则的作用日益被重视[82]。全球范围内各种机构、各地政府发布大量的街道设计导则，将研究成果与设计引导、建设管理相结合，希望形塑更有品质的街道，从而提升城市宜居性和吸引力。

5.1.2 我国城市整治和更新实践人民性的体现

我国快速城镇化时期，宽马路、大广场之风一时兴起，生活性街道得不到充分的重视和资金投入，造成居住区缺乏人性化空间，尤其是城市支路和小巷环境脏乱差的问题。20世纪90年代以来，在国际上新城市主义潮流的影响下，一些地产商提出"回家路径"概念，有学者提出"城市次街"设计理念，新建房地产出现重视具有场所性的生活性街道的苗头；进入21世纪，伴随人民群众对美好生活的追求，生活性街道日益成为城市管理和城市更新的重点领域。

21世纪初主要体现为城市管理实践的背街小巷整治项目，各地开展了迈向全面现代化的背街小巷整治民心工程，这一时期体现出实践先行、研究跟进的特点；2016年以来迎来第二阶段，关注以人民为中心，在社区生活圈的发展理念指导下，以绣花功夫提升空间品质，提升居民幸福感和获得感。笔者对研究文献的学科分布进行梳理，发现建筑和规划研究早期集中在市政工程方面，2010年以后走向综合性，并出现与管理、社会学科交叉的趋势，近年来城市管理、文明城市建设、社区生活、老旧小区、新型城镇化等领域互动更明显。

从目标、项目内容、工作依据来看，第一阶段经历了狭义整治到综合整治，后期也开始注重品质提升，第二阶段进一步关注存量更新中的居民需求和品质提升，有关治理协商等工作流程、更新导则等依据越来越规范。沈磊等在《效率与活力：现代城市街道结构》一书中，提出"效率与活力并重"的理论，从理论、管理、设计和实施几个方面论述形成良好的城市街道的方法，力求平衡不同的出行方式[83]。《城市居住区规划设计标准》（GB 50180—2018）中的"道路"部分，明确倡导应突出居住使用功能特征和要求，两侧集中布局了配套设施的道路应形成尺度宜人的生活性街道，对道路的断面设计、步行和自行车骑行的连续性以及交通稳静化措施等均提出了要求。"完整街道"的概念逐渐普及，不少城市陆续出台街道设计导则，其中生活性街道的引导控制成为不可或缺的内容，一些城市的 15 分钟生活圈导则里也有居住区街道设计引导的内容，这些都对生活性街道更新起到了一定的品质管控作用。

不过，现实中也出现整治措施赶时髦和趋同的现象，比如墙面彩绘、招牌改造等成为最常见的举措，建筑前区增设座椅也成为时尚之举。事实上，生活性街道由于其承担的交通功能、两侧的设施集聚、建筑形态组构以及整体现状问题、居民需求的差异，存在整治更新优先序的不同。对于以公共财政为主要资金的整治更新项目，更要考虑有限资金用在刀刃上。这就需要通过研究来加深对生活性街道的认识。

5.1.3 生活性街道近年研究的趋势

信息时代背景下城市竞争力与可持续发展潜力之间的关系愈加显著。在对城市宜居性和吸引力的追求下，交通领域和公共空间领域对生活性街道的研究激增，并呈现出多学科交叉的趋势。研究内容广泛，既有比较传统的街道空间品质研究继续在人的体验方面深入，诸如邻里环境、适应老龄化的包容性街道、儿童友好街道，景观角度、舒适性角度、文化角度等不同角度的空间品质评价和影响因素，也有从更整体性的视角对街道功能和使用状态的研究，体现在运用空间句法对不同住区的街道空间组构关系的研究、城市形态研究中对街道肌理的研究。在大数据研究方法兴起之后，可揭示街道与公共设施等空间关系的街道步行指数在欧美发挥了重要的房产资讯商业用途；基于热力图的活力研究、基于全景地图的视觉景观研究等都极大拓宽了对街道认知的维度。

由于生活性街道在居民日常生活中的重要作用，其与社区公共设施的步行关联性、使用状态及空间形态规律的研究与本研究目的更直接相关。

1）街道的步行指数研究

20 世纪 90 年代中后期，美国的交通研究领域开始关注与步行交通有关的建成环境[84]。2007 年基于日常设施布局的"步行指数"（walk score）被提出，根据步行距离可接触的日常设施的种类和空间布局，对街道进行步行指数测算，测算结果显示出街道与日常设施的空间布局关系，帮助人们在步行目的地意义层面理解认知街道的属性。该方法具有重要的商业价值和社会经济研究的工具价值，因而迅速被普及，在此基础上还扩展出反映不同类型设施组合的步行性指数（walkability score）等[85-86]。我国在 2010 年以后的相关研究也逐渐丰富。吴健生等引入步行指数，以深圳福田区为例评价了城市街道的可步行性[18]；王德等构建了一套针对社区的可步行性测度方法，设施选择方面以社区所需的日常服务设施为基础，优化了对设施多向性的评估数值，以上海市江湾城街道为例进行了实证研究[87]；

周根等以国际上普遍认可的步行指数计算方法为基础，根据国内城市的街道特征和需求进行本土化，增加了街道环境影响因子，对成都进行了应用研究[88]。

2）街道的活力研究

活力，指人或事物充满生机的状态；空间活力，指空间可持续发展的能力，包括社会活力、经济活力和环境生态活力等。街道的活力，指街道能健康持续地发挥街道综合性功能，包括有序组织交通、承载沿街设施、容纳公共活动的能力。街道活力是一种反映街道被使用状态的指标。由于街道活力的研究因早期现代主义城市规划建设中街道荒漠化现象而肇始，研究多关注街道的社会活力，尤其是作为公共空间的活力，研究结果落实到街道构成元素的品质，研究方法多采用因子相关性分析方法。

在活力的表征指标上，简·雅各布斯倡导活动的多样性[76]、扬·盖尔（Jan Gehl）认为人及其活动是街道中最能引起人们关注和兴趣的因素[89]；维卡斯·梅赫塔（Vikas Mehta）也认为街道活力主要受活动人数和驻留时间的影响，并提出了活力指数的概念[90]；蒋涤非认为活力是城市以人为本提供市民生存环境的能力[91]。国内街道活力研究的活力指标选取也基本如此，邱灿红等认为街道的活力来源于其承载的社会活动[92]；姜蕾研究了街道空间活力的表征和构成要素，提出街道空间活力本质上是不同功能的多样性程度以及支撑各类公共活动的能力[93]；黄丹等对深圳生活性街道的研究，则用街道日常行为活动的人数、行为主体的年龄结构、行为类型和驻留时间表征活力[94]；冯月等对能承载人们日常生活需求与社交活动的生活型道路的活力研究，基于人气是判别街道活力强弱的最直观标准选取指标[95]。这方面的研究很多，研究成果也趋同，影响因子基本涉及街道断面尺度、两侧界面因子、业态功能因子、景观要素，这些研究成果已经基本被整理进各类和街道有关的导则中。

随着地理信息技术和大数据的发展，城市活力的表征指标更容易获取，精度也有所提高，城市整体性分析深度也加深。李欣等结合地理信息系统和空间句法，基于城市、区、社区三个尺度研究了汉口街道网络与具体城市生活的对应关系[96]；刘星等用百度街景图为数据源测度街道活力，与现场调研的结果相互校核印证了方法的可行性[97]；闵忠荣等利用百度热力图数据计算街道的活力度，以南昌市老城为研究范围识别出区域内不同活力程度的街道，并提出了老城活力提升的相关策略[98]；黄生辉等运用人口出行的定位数据和设施点位置数据的分布模式、密度等指标表征活力，将城市街道功能划分为生活型街道、商业型街道和景观休闲型街道，同时对应街道的自身条件、周边开发情况、街道功能等要素展开了回归分析[99]；陈锦棠等利用百度热力图数据计算街道段落的活力度，从功能混合度、开发强度、交叉口密度、连续底层商业、人流集散点等方面讨论了空间活力与空间特征的关联性[100]。

3）街道的形态研究

街道的形态研究涉及空间句法、街道环境要素、街道结构等多方面。由于本研究聚焦社区公共设施与街道的关系，故更关注那些体现街区与街道关系的形态研究。迈克尔·索斯沃斯（Michael Southworth）等研究了美国不同年代的街道空间形态，通过观察随着时间增长而改变的街道模式和范围来探讨社区的发展过程和空间格局[101]；勒米·卢夫（Rémi Louf）等提出了一种根据城市街道格局进行城市分类的定量方法，通过对全球131个主要城市的街区形态属性进行测度，运用层次聚类的分析方法研究了街道网络形态类型[102]；安德列斯·塞夫苏克（Andres Sevtsuk）等在对城市形态和步行性的研究中，通过分析街道网络中街区的属性如街区大小、街区进深和面宽的尺度、街道宽度等内容，探讨了这些因素与街道空间的步行性之间的关系[103]；梅塔·伯格豪斯-庞特（Meta Berghauser-Pont）等通过将多变量几何描述与城市形态的标量间关系描述相结合，使用统计聚类方法研究了欧洲五个典型城市的三大关键要素——街道、地块和建筑物，使用定量的方式进行了类型划分和大规模的比较分析[104]。

我国在促进步行的城市形态研究方面也有进展。邓浩等提出了城市肌理的可步行性，对尺度层级性、连续性以及公共性的基本特征展开城市形态学的分析与解读，提出在不同尺度层级的城市空间中主动追求城市步行的空间连续性与历史连续性[105]；陈泳等研究了街区建设环境变量对各类步行通行活动的影响，从街区空间形态角度提出了步行友好街区的优化建议[106]；鲁斐栋等从临近性、连接性和场所性3个方面进行了宜步行城市住区的物质空间形态要素分析，提出了功能诱发（临近性）、路径诱发（连接性）和场所诱发（场所性）三大宜步行住区规划设计策略[107]。这些研究或多或少地涉及生活性街道的形态，然而，生活性街道的活力与社区公共设施的形态关系研究是很匮乏的。

生活性街道的属性

本研究出于优化社区生活圈的目的，关注生活性街道和社区公共设施的关系、生活性街道的使用状态等属性特征；不同属性特征的生活性街道，在社区生活圈中起到不同的作用，应有不同的优化重点。因此，社区公共设施与街道的空间关系是首要考量的属性，包括可步行性指标呈现的街道在连接服务设施方面的属性，以及社区公共设施沿街的集聚程度属性。本研究也关注街道实际上被居民使用的状态，人流量是社区生活圈步行活力的重要表征。

社区公共设施空间布局的集聚性、连接社区公共设施的步行指数的研究，主要利用POI数据，该数据的获取、处理和权重设定与第一章相同；社区公共设施空间布局的集聚性研究方法也与第一章相同，这里重点观察沿街的设施集聚指标。连接社区公共设施的步行指数的研究方法，在第一章的社区公共设施服务便利性研究方法基础上，进一步考虑了设施多样性指标[87]，赋值对象为道路的10 m等距线段，以每段街道线段的中点的单点步行指数表示该街段的步行指数，这样一条较长的道路也可以呈现出不同段落的差异化数值。

生活性街道的人流活力研究，则利用百度热力图数据。这里也运用成熟的研究方法：首先对原始数据进行裁剪、地理配准及投影转换；再依据热力图颜色和亮度与人口聚集密度的对应关系，对热力图栅格进行重分类，重分类使用热力图数据的 Alpha 通道（第4个）数值，建立人口聚集密度重分类函数[108]；进而利用缓冲区提取道路人口活动量，将道路切割为10 m等距的线段，为每段线段的中点建立半径为10 m的缓冲区；最后汇总每个缓冲区中的人口数，作为该街道段落段的人口活动数，从而拟合得到整体街道的活力度。

基于上述技术方法，对南京市后宰门住区进行研究。南京市后宰门住区建于20世纪80年代，是在有计划的商品经济时期统一规划建设的住区，见图5.1。研究范围36.7 hm²，该

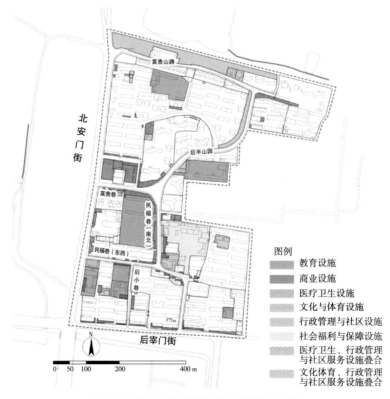

图 5.1　南京市后宰门住区公共设施空间布局

住区采用当时典型的"通而不畅"的道路体系、"成街成坊"便于分期和后期分配的布局，当时对生活设施配套已经比较重视。2020 年末，常住居民人口约为 2.16 万人，社区人口密度约为 589 人 /hm²。虽然不少建筑老化，但是生活氛围浓郁，是典型的活力和问题并存的老旧小区。三方面的指标计算的可视化结果见图 5.2。

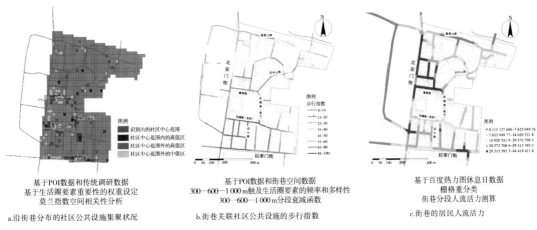

a.沿街巷分布的社区公共设施集聚状况　　　b.街巷关联社区公共设施的步行指数　　　c.街巷的居民人流活力

基于POI数据和传统调研数据　　　　　　　基于POI数据和街巷空间数据　　　　　　基于百度热力图休息日数据
基于生活圈要素重要性的权重设定　　　　　300—600—1000 m触及生活要素的频率和多样性　　　栅格重分类
莫兰指数空间相关性分析　　　　　　　　　300—600—1000 m分段衰减函数　　　　　街巷分段人流活力测算

图 5.2　南京后宰门住区街道属性可视化

研究结果呈现出住区生活性街道的属性存在若干组合，除了不太可能出现沿线设施多、步行距离内设施少的情况，组合存在着多样性。计算结果说明，若以生活圈视角来观察生活性街道，存在多元化空间特征，见表 5.1。

表 5.1　生活性街道的多元化属性特征

街道属性		空间特征
沿线设施少 步行距离内设施少	人流活力以中高为主	沿线和步行距离内设施均少，但是居民主要的通勤或日常交通性道路
	人流活力以中低为主	沿线和步行距离内设施均少，居民并不常用，一般是服务功能性交通道路
沿线设施少 步行距离内设施多	人流活力以中高为主	沿线设施少、步行距离内设施多，居民日常穿行的道路，一般与周边小区连接性好（如出入口设置于该街道）
	人流活力以中低为主	沿线设施少、步行距离内设施多，居民并不常用，一般与周边小区连接性不好（如没有小区出入口）
沿线设施多 步行距离内设施多	人流活力以中高为主	沿线和步行距离内设施均多，是居民日常活动集聚的线形中心空间，可能出现空间使用拥挤、冲突等问题
	人流活力以中低为主	沿线和步行距离内设施均多，但居民并不常用，可能因为街道与周边小区连接性不好，也可能因为尽管有设施但运营不好

诚然，社会经济与物质空间，功能、使用状态与形式之间，并不存在简单的因果关系或相关性，但若能形成正向的积极互动，至少有利于效率和活力的兼顾；若能对形式引导

再加入社会经济的考虑，那么或许还能兼顾公平。因此，本研究和之前研究的不同并不在于方法，而是在于将生活性街道置于城市整体结构中观察，发现其不同的属性特征，为提供更具有针对性的引导打下基础。居民在生活圈中各有属性特征的生活性街道中活动，这些街道面临不同的问题和挑战。

在对后宰门住区生活性街道研究的结果中，发现《城市居住区规划设计标准》（GB 50180—2018）重点提及的生活性街道类型两侧集中布局了配套设施的道路，呈现出活力高低值不一的情况。这种类型的街道，即社区公共设施集聚、步行指数高的街道，对于住区居民来说是重要的日常生活空间，也被寄予活力空间的期许，是各街道设计导则中重点引导的对象。对于这样的街道，活力表现的差异原因值得关注，而原因探究就需要进一步借助空间形态研究。对后宰门住区两侧配套设施集聚明显的街道，进行空间形态的初步分析，发现既有促进活力的建筑组构，也有阻碍活力的建筑组构，见图5.3。形态与活力的关系，值得进行更全面的研究予以揭示。

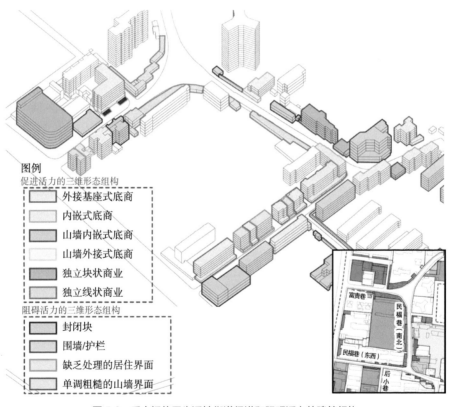

图例

促进活力的三维形态组构
- 外接基座式底商
- 内嵌式底商
- 山墙内嵌式底商
- 山墙外接式底商
- 独立块状商业
- 独立线状商业

阻碍活力的三维形态组构
- 封闭块
- 围墙/护栏
- 缺乏处理的居住界面
- 单调粗糙的山墙界面

图5.3　后宰门住区生活性街道促进和阻碍活力的建筑组构

5.3

生活性街道的活力与形态

比尔·希利尔在《空间是机器：建筑组构理论》（*Space is the machine: a configurational theory of architecture*）一书中指出，人车流不应与场所分离考虑，人车流也是场所的本质，而场所的活力完全来自它们是如何根植于更大尺度的城市空间模式中的。他在第四章"城市作为出行的经济"中还指出，社会经济进程的控制与分析，与城市物质和空间构成之间存在深深的隔阂，这将造成形式与功能的脱节[80]。

对于社区公共设施相对集聚的生活性街道，从空间组构的关系视角把握活力和形态的关系规律，将有助于在规划机制中促成与活力匹配的形态。除了二维空间的关系研究之外，形态层次的建筑三维组构也值得重视。因为生活性街道的活力与社区公共设施的运营有关，而一条街道的运营实际上与其两侧产权主体的状况有关，因此生活性街道的活力与其所依托的建筑空间载体是有关的。而三维建筑空间组构与用地规模、指标和用途管理存在密切关系，也就是说用地规划及管理是促成社区公共设施依托的三维空间组构的重要机制。然而，这方面的研究却很不足。

为更全面发现生活性街道形态与活力的关系，本研究选取比后宰门住区更大的研究范围——一个行政街道辖区。为了呈现更多的生活性街道的可能，本研究选取老城边缘地区的小市行政街道，该街道"七普"常住人口为6.14万人，该研究范围由于历史原因并没有很受21世纪以来的集中用地的社区中心规划模式的影响，居民日常生活更多地依赖沿街分布的公共设施。运用5.2节的街道属性研究方法，并结合实地调研识别出若干条社区公共设施集聚、步行指数较高的生活性街道，这些生活性街道的活力指标也存在差异较大的情况，因此小市街道是一个较好的研究样本。见图5.4。

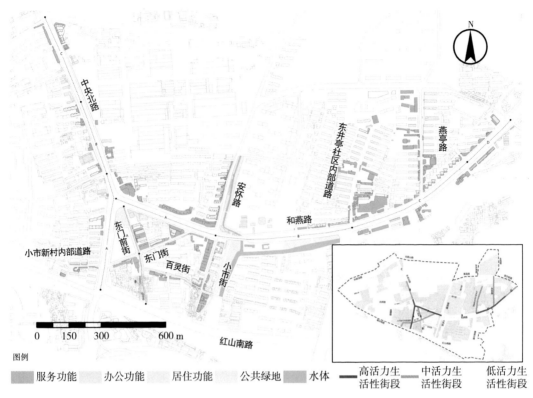

图例　　服务功能　　办公功能　　居住功能　　公共绿地　　水体　　高活力生活性街段　　中活力生活性街段　　低活力生活性街段

图5.4　小市范围内社区公共设施集聚、步行指数较高的生活性街道识别及其活力

1）生活性街道的建筑组构

借鉴卡尼吉亚、克罗普夫的形态层级结构研究方法，本研究提出与我国实情结合的生活性街道层级结构，见表 5.2。梳理小市街道识别出的生活性街道，依据组构的开放性和封闭性、建筑体量、空间组合等特征，可以识别出 4 类主要的建筑组构：类型 A——独立用地的中大型设施；类型 B——独立的小型设施；类型 C——依托居住建筑的底层设施；类型 D——封闭组构。见图 5.5 和图 5.6。

表5.2　生活性街道形态层级结构

生活性街道 / 街道肌理			
管理地块序列 / 多地块的建筑组构组合			
管理地块 / 地块内的建筑组构组合			
完整建筑 / 建筑组构	居住空间	街道红线与建筑边界之间的空间	街道空间
	公共设施空间		
	经营性空间		
	其他		

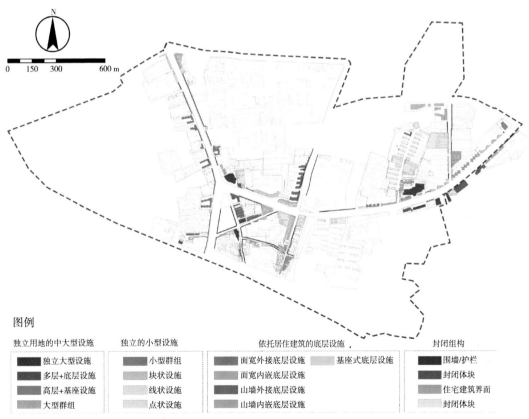

类型A
独立用地的
中大型设施

类型B
独立的小型设施

类型C
依托居住建筑
的底层设施

类型D
封闭组构

图例

服务功能　　办公功能　　居住功能

图 5.5　小市生活性街道的 4 类主要建筑组构

图例

独立用地的中大型设施	独立的小型设施	依托居住建筑的底层设施		封闭组构
独立大型设施	小型群组	面宽外接底层设施	基座式底层设施	围墙/护栏
多层+底层设施	块状设施	面宽内嵌底层设施		封闭体块
高层+基座设施	线状设施	山墙外接底层设施		住宅建筑界面
大型群组	点状设施	山墙内嵌底层设施		封闭体块

图 5.6　小市生活性街道的 4 类主要建筑组构空间分布

值得注意的是，部分建筑组构具有一定的连续性，这种组构组合形成简单的沿街肌理，如依托居住建筑的底层设施组构的连续组合——面宽底层嵌套设施组合、山墙底层嵌套设施组合，与居住建筑有一定关系的分离设施组构的连续组合。此外，还有一些组构组合是由于历史原因形成，不是基于规则化的控制性详细规划和规模化的房地产建设形成的，如不规则小型独立设施的混合组合、依托老旧平房民居的设施连续组合，带有一些见缝插针的意味，有一些甚至是非正规建筑，但这些组构组合因为有一定的连续性、租金低廉，通常容纳一些低价的生活服务业态，对于中低收入人群是重要的日常生活空间，也是从事经营者的谋生空间。见图 5.7。

图 5.7　小市生活性街道的建筑组构组合

2）生活性街道活力与建筑组构的关系

基于建筑组构的提取，再对照街道人流活力值，并通过实地考察排除工作通勤量大的道路，得出小市街道高、中、低活力生活性街段对应的组构组合。总体上可以得出以下结论：①单组构的规模越大、大规模的组构越多、组构或具有连续性的组构组合沿街的长度越长，越易促进街道的人流活力；②连续的封闭组构长度越长，越阻碍活力，一侧组构开放、一侧组构封闭的街道活力也较低；③维护差的组构越多，越阻碍活力，特别是大规模组构、连续性强的组构组合如果维护差，甚至变成封闭组构的话，更容易对活力带来消极影响。见图 5.8。

3）生活性街道建筑组构的空间品质评估

基于社区生活圈优化和街道活力提升的目的，借鉴街道空间品质评估的相关指标，本研究进一步评估了小市生活性街道的建筑组构的空间品质。评估指标包括功能评估部分和

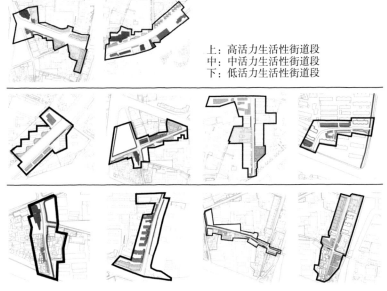

上：高活力生活性街道段
中：中活力生活性街道段
下：低活力生活性街道段

图 5.8　小市生活性街道不同活力值域的街道段

空间体验部分，功能评估包括生活圈覆盖率、功能多样性、设施环境质量、设施服务质量、功能包容性等二级指标，空间体验包括街道的意向性、通透性、人尺度、有序性、丰富性等二级指标。评估结果显示：①独立用地的中大型设施建筑组构总体品质水平最高；②独立的小型设施建筑组构总体品质水平最低，尤其是功能性指标评分低，但其空间体验分值尚可；③依托居住建筑的底层设施建筑组构品质水平介于中间，功能多样性的平均表现则相对最好，空间体验总体上尚可。上述三大类中的分项情况显示，老旧组构、小规模独立组构更容易因得不到充分维护导致功能性评估低分。见图 5.9、图 5.10 和图 5.11。

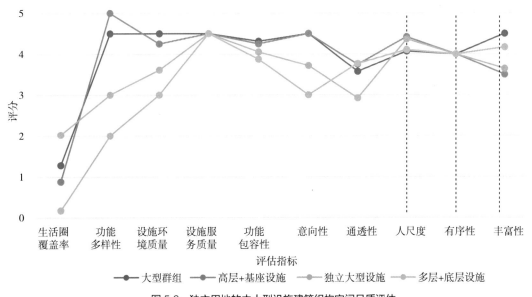

图 5.9　独立用地的中大型设施建筑组构空间品质评估

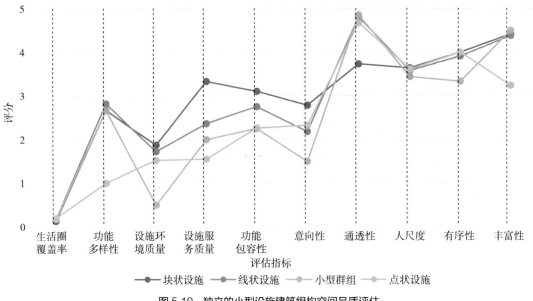

图 5.10　独立的小型设施建筑组构空间品质评估

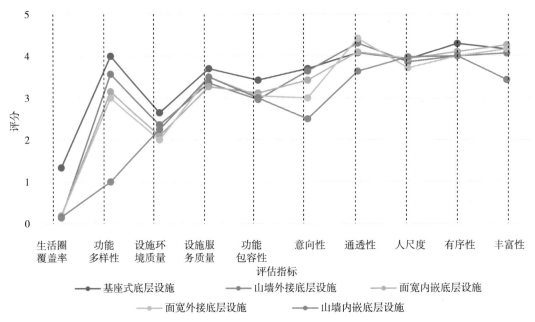

图 5.11　依托居住建筑的底层设施建筑组构空间品质评估

4）研究小结

对于社区公共设施相对集聚、步行指数也较高的生活性街道，人流活力显示其被居民使用的状态。活力高，意味着街道被使用频繁，对于需要人流支撑的设施运营也有好处；但也可能产生拥挤或冲突，不同利益群体之间更易发生矛盾。活力低，则意味着街道被使用频率低，对于需要人流支撑的设施运营不利，但对集聚的是不需要人流支撑的设施的街道来说，并不是一个问题。

此外，活力高低也可能与街道空间品质有关。在有更好选择的情况下，如果沿街设施的功能性差、空间体验差，则该街道缺乏吸引力，即便集聚了设施，人们去的意愿也低。当然，如果在整体空间品质都较差的情况下，由于没有更高品质的空间可供选择，空间品质可能也不能影响人流活力。另外，人流活力也与人的需求有关，除了共性需求外，不同社会属性的居民的设施使用的差异性也可能影响人流活力，特别是具有这种差异需求的居民人数很多的话。

当我们将研究视角聚焦到形态组构时，上述问题的探讨将更容易。这些空间组构容纳了社区公共设施并和地表道路形成了街道空间；而这些空间组构在特定的空间生成机制下，具有特定的规模和空间特征，也有着不同的运营机制，深层次影响着空间品质。

南京小市行政街道辖区的生活性街道的活力和品质研究结果，综合显示出以下结论：

（1）单组构的规模越大或组构组合的沿街连续性越强，越成为生活性街道活力的决定性因素。小市的情况是，大多数此类组构和组合能达到较好的品质，是促进街道活力的积极因素；然而，也存在少数情况，即此类组构、组构组合不能得到很好维护，正因为具有一定的规模，反而容易形成规模较大的封闭组构，造成更消极的影响，成为阻碍街道活力的因素。

（2）独立的小型设施、依托老旧平房民居的设施值得关注，功能性相对较低、空间体验尚可，这些设施的混合组合和连续组合的活力表现高低不一，与其容纳的服务业态可支付性、使用人群的多寡有关。需要结合经营者的诉求、使用者的需求综合判断其利弊。

（3）依托居住建筑的设施组构占据沿街界面最多，其运营好坏对生活性街道具有直接影响；此外，此类组构的上层为居住功能，底层为服务设施功能，最容易产生居住者和经营者的矛盾、居住此地者和外来使用者的矛盾。

（4）在活力高的生活性街道，如果组构的建筑界面和街道红线之间的空间狭窄，特定人流高峰时间段可能存在使用设施的人群和步行交通的人群的矛盾、补给运货车辆和非机动出行交通的矛盾。

（5）小市的封闭组构界面大多比较消极，严重影响生活性街道的活力，尤其是连续性强的消极围墙或大规模的停业封闭组构的阻碍更强。对于消极围墙以及确实没有合适的市场或社会力量运营的建筑组构，其沿街界面应以低成本方式进行适当处理，消解其可能带来的不安和萧条感。

对小市的生活性街道的研究结果，对具有类似社区公共设施空间生产机制的城市地区来说，具有代表性；但确实不能代表所有的生活性街道。即便如此，上述研究方法是可行的，如果一个行政街道有意愿提升生活性街道活力和品质的话，则可以应用这样的研究方法，深入了解辖区范围内生活性街道空间组构与活力和品质的关系，进而采取更有针对性的策略。

5.4

规划引导

5.4.1 引导通则

基于社区生活圈的视角，生活性街道实际上是居民日常生活圈的重要路径。街巷空间本身的合理性、被街巷所连接的服务设施的功能性和品质、经由街巷的文化特色体验性、慢行体系的包容性，是优化生活性街道工作的关注要点。

1) 慢行友好的完整街巷

按街巷两侧功能及街道界面开放程度优化街道断面，重点关注慢行区域的建筑前区、人行道、街道绿化带或设施带、自行车道，兼顾通行和停留，避免重叠或冲突。建设完善的林荫绿化、照明排水、街道家具、易于识别的标志，尽量提供遮阳遮雨设施，提高舒适程度和服务水平。通过仔细的断面梳理和优化，街道上各类设施得以各在其位、各种流线并行不悖。

2) 活力有序的沿街功能

深入调研社区服务设施供给和使用情况，结合社区需求，挖潜可利用的用地和建筑，进一步完善和补充社区公共空间和服务设施，沿线可布局生活圈和街坊级服务设施，以及小型公共空间和口袋花园。通过土地复合利用、沿街设置公共设施和公共空间等方式增加街道使用功能，满足居民多元需求，提升社区活力。生活性支路的临街首层宜设置服务于本地居民的餐饮、零售、生活服务、公共设施等积极功能，提高临街建筑界面的活力与通透性。通过对临街建筑的宽度、体量和贴线率等进行管控，形成活力有序的街道空间界面。

3）特色精巧的文化路径

慢行空间应结合街巷串联的资源禀赋彰显特色。历史街巷应重点突出文化教育内涵；有自然山水要素街道应重点突出生态教育内涵；具有社区集体记忆的街道空间应彰显社区地方特色。加强街巷沿线的历史文化遗产保护，结合城市和社区发展确定适宜的使用功能，将保护和活化利用相结合；彰显沿线的非物质文化遗产，运用空间景观标识体系让人们在行走中阅读城市、了解历史。结合未来发展目标，鼓励文化创新，新旧结合、相得益彰。

4）包容安全的游走网络

符合无障碍设计要求，方便老人、儿童及残障人士出行。生活性支路及街坊内部宜采取稳静化措施，如减速带、减速拱、槽化岛、行车道收窄、路口收窄、抬高人行横道、道路中心线偏移、共享街道等。对于幼儿和小学、初中学生的上学路段，可实施机动车限时通行。对于老龄化率较高的社区，要重点关注老人出行能力与认知能力，除增设减速设施外，还应通过过街设施和入口设计提供出行的安全性与便利性，社区慢行系统沿线需有简单清晰、颜色分明、熟悉或容易辨识的标志性建筑或引导标识。

5）智慧协同的共建治理

由于生活性街道与人们日常生活密切相关，其可能产生的冲突实际上比主要分布大型公共建筑的城市干道更多。在整治提升工作中，应构建利益相关方——直接受负面影响居民、周边受益居民、房东、商户、城市管理部门、居委会等构成的社区议事会，既要解决原有的一些矛盾，比如商铺油烟、噪声扰民问题，还要特别注意保持原有丰富的市井氛围，不能完全统一化、简单化。可运用智慧社区、数据管理方式，及时发现问题，共商解决问题，走向智慧协同的共同发展之路。

5.4.2 基于生活性街道属性的空间引导

为避免生活性街道整治营建中的赶时髦和趋同现象，对于生活性街道属性特征的认知是必要的。不同属性特征的生活性街道，承担不同的功能，对其进行针对性的空间提升，有利于资金投入效益的最大化。

1）沿线设施少、步行距离内设施少，人流活力较高

（1）功能：居民主要的通勤或日常交通性道路。

（2）空间引导要点：重点关注交通安全，处理好人流、机动车流、非机动车流与停车的关系，尤其关注儿童、老人的步行友好。

2）沿线设施少、步行距离内设施少，人流活力较低

（1）功能：以服务功能为主的交通性道路。

（2）空间引导要点：重点关注运输车辆、环卫车辆的交通稳静，保障公共安全、环境卫生，处理好人流、车流与停车的关系，关注儿童、老人的步行友好。

3）沿线设施少、步行距离内设施多，人流活力较高

（1）功能：居民日常经常穿行去往公共设施的道路，与小区的连接性好。

（2）空间引导要点：重点关注慢行友好，通行有序，包容安全；处理好人流、机动车流、非机动车流与停车的关系；沿线营造具有在地文化的景观，营造健康、舒适和休闲的氛围，适当设置促进交流的小微空间。

4）沿线设施少、步行距离内设施多，人流活力较低

（1）功能：由于与小区的连接性低，居民使用少。

（2）空间引导要点：有可能的情况下，可增设与小区连接的出入口，方便居民出行获取公共服务，提高人流量，然后参照上述第三条；若没有可能，空间引导可参照上述第二条。

5）沿线设施多、步行距离内设施多，人流活力较高

（1）功能：居民日常活动集聚的线形中心空间。

（2）空间引导要点：重点关注慢行友好，通行有序，包容安全；处理好人流、机动车流、非机动车流与停车的关系；沿线营造具有在地文化的景观，营造健康、舒适和休闲的氛围；根据居民需求提升设施功能性和街道空间品质；尤其关注是否存在不同利益主体使用街道时的冲突和矛盾问题，寻求通过治理解决问题的方法。

6）沿线设施多、步行距离内设施多，人流活力较低

（1）功能：设施可能运营不佳，或存在其他阻碍活力的因素。

（2）空间引导要点：寻求适合当地的设施运营模式；对于实在难以供给服务的封闭建筑，以及消极的围墙界面，进行适当的界面处理，增强心理舒适和公共安全。

5.4.3　匹配生活性街道活力的形态引导

对于沿线设施多、步行距离内设施多的生活性街道，由于其对于居民日常生活的重要性，通过适当的形态引导，可根据人流量更有针对性地提升其品质和吸引力，从而增强社区生活圈的宜居性。此类生活性街道应以中、高活力为发展导向；而现实中确实存在低活力的情况，主要是由于服务运营的问题或环境太差，也可能是由于周边人口太少，该类街

道首先应解决上述问题，如果难以解决，一些设施将自行关闭，逐渐演变为 5.4.2 节的第一至第四类街道。

1）导向高活力的生活性街道形态引导

（1）空间组构：有 1~2 个独立大型组构；有连续性强的高品质组构，以依托居住建筑的底层设施为主，形成高度连续的界面；封闭组构很少或没有；服务类型兼有公益性和经营性，经营性业态类型多样。

（2）地块引导：设施建筑的边界与道路红线之间宜控制一定距离，以确保建筑前区、步行流线、盲道、设施带和非机动车流线互不干扰。

（3）空间治理：对于已建成地区的此类生活性街道，如果建筑退道路红线距离很小，则应根据人流量的高峰时段和易堵地点，进行分时引导和人流管理；依托居住建筑的底层设施，应以服务本地社区的业态为主，避免楼上居住和楼下业态之间的冲突。

导向高活力的生活性街道形态引导见图 5.12。

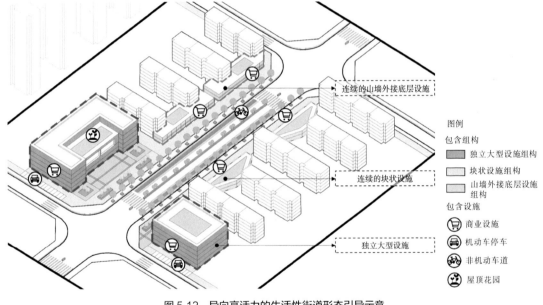

图 5.12 导向高活力的生活性街道形态引导示意

2）导向中活力的生活性街道形态引导

（1）空间组构：有 1~2 个独立大型组构或服务性功能组团；有连续性强的高品质组构，以依托居住建筑的底层设施为主，形成一定连续的界面；有一些封闭组构；服务类型较为多样。

（2）地块引导：设施建筑的边界与道路红线之间宜控制一定距离，以确保建筑前区、步行流线、盲道、设施带和非机动车流线互不干扰；封闭组构的界面宜进行一定的美化处理，如围墙透绿、植入在地文化信息等。

（3）空间治理：依托居住建筑的底层设施，应以服务本地社区的业态为主，避免楼上居住和楼下业态之间的冲突；一些已建成地区存在一些低品质的小型设施组构，地方社区应结合当地居民需求与产权归属方、租赁方、运营方等统筹亟须进行品质提升的事宜。

导向中活力的生活性街道形态引导见图 5.13。

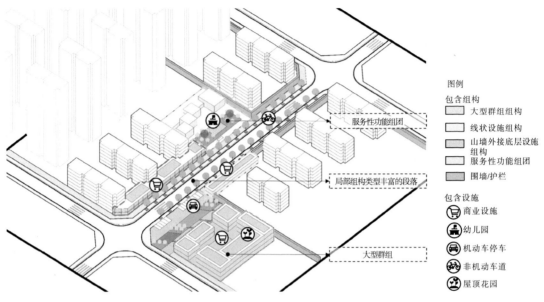

图 5.13　导向中活力的生活性街道形态引导示意

第六章 社区生活圈
优化规划探索

6.1 老城区社区生活圈优化规划——以南京玄武区玄武门街道社区生活圈优化为例

6.2 新城区社区生活圈优化规划——以南京南部新城机场三路社区生活圈优化为例

南京玄武区玄武门街道位于明城墙内老城区，既具有老城区长期历史积淀下的优势，又具有存量用地典型的发展问题。2023年秋冬季在南京市规划和自然资源管理部门的牵线下，东南大学城乡规划专业师生以社区规划师团队的方式，与玄武门街道合作，选取其中3个社区进行了"宁好·玄武门社区生活圈"的规划优化探索。该工作中，团队既充分发挥城乡规划专业的空间规划、统筹思维和技术方法，又探索组织居民参与社区生活圈意见征集的有效方法。最终的优化规划成果立足当地社区空间特征，应对急愁难盼、呼应强烈需求，体现了近远期结合的规划，表现为空间规划和行动项目策划的结合。作为高校师生社区规划师公益性团队，我们积极与基层政府、社区、相关部门和居民等多方沟通，部分成果确实已经传递到相关工作人员，但也触碰到一些困局，致力于长远发展目标的社区规划机制仍待多方共商推进。

南京南部新城是一处典型的增存并举的新城区，位于南京主城边缘。由于其规划理念先进，规划管理服务高效，未来具有较好的人口增长潜力。与社区生活圈有关的要素规划在原有的控制性详细规划中已比较周全，规划和自然资源管理部门、新城开发建设管理委员会还组织了社区公共设施专项规划，主要结合各行业部门意见对各级社区中心建设项目进一步明晰化。然而，这些工作与社区生活圈精细化发展形势仍存在距离，笔者团队尝试在现有基础上进行社区生活圈优化规划，具有一定探索性。希望本章对既有规划优点和尝试优化探索的介绍，对其他新区发展有所启迪。此处需要说明的是，生活圈空间优化是团队的自主尝试，并不是受委托的项目，谨以此触发思考和讨论，希望推动国内新城区详细规划的进步。

6.1

老城区社区生活圈优化规划
——以南京玄武区玄武门街道社区生活圈优化为例

6.1.1 玄武门街道发展概况

玄武门街道辖6个社区（图6.1），"七普"统计常住人口为4.08万人。玄武门街道拥有独特的资源优势，紧邻玄武湖，交通区位

廖家巷社区
0.36 km²
5 980人

大树根社区
0.22 km²
3 722人

中央路

百子亭社区
0.4 km²
8 100人

天山路社区
0.26 km²
8 677人

台城花园社区
0.46 km²
9 596人

公教一村社区
0.65 km²
9 601人

龙蟠路

北京东路

图6.1　玄武门街道社区示意

优越，历史文化底蕴深厚，拥有高等级的科研机构、医院、文化设施、政府机构、事业单位和部队用地，高质量的中小学教育资源，等等。同时，也存在明显的问题：土地资源稀缺，新开发空间不足，存量资源由于权属问题存在整合利用难度大、成本高的挑战，难以承载一些用地要求高的设施；居住小区新旧不一，社会分异明显，分异较大的小区之间存在某些不和谐因素；早期建设的小区存在零散化、物业管理不完善等问题，一些小区物质空间老化严重，停车矛盾突出，居住生活质量亟待提高，存在常住人口持续减少的可能；人口老龄化严重，适老化、养老服务等硬软件条件亟待改善。

玄武区发展定位是国际消费中心城市中心区、世界级文化旅游目的地、中心城区绿色创新高地。其中，玄武门街道与新街口街道、梅园新村街道共同组成老城片区。基于玄武门街道的区位和资源,其未来城市发展重点包括：通过零散地块、低效楼宇的更新活化，促进商务商业、数字经济、文化创意、文化旅游等产业的发展；通过对辖区内山水格局和遗产的保护利用，彰显历史文化与当代功能融合的空间特色；通过优化引导社区生活圈建设、公共设施改善、市政基础设施升级、公园城市建设，促进高品质人居环境建设。

因此，玄武门街道既具有老城区长期发展积淀的独特资源优势，又具有老旧城区人居环境的典型问题，以其为社区生活圈研究试点，将充分体现存量地区的城市高质量发展与社区高品质营建的结合。

6.1.2 "宁好·玄武门社区生活圈"社区规划师工作组织

实施新型城镇化发展战略以来，在以人民为中心的发展思想引领下，各地纷纷推动责任规划师或社区规划师制度，在各种利益主体之间搭建桥梁，发挥专业知识和技术能力，加强与各方的合作，为社区发展提供专业咨询和能力培训等支持。社区生活圈等与民生福祉密切相关的领域，利益主体尤为繁杂，其中既涉及专业化领域，还涉及众多利益协调、部门协同、上下衔接的工作，社区规划师的工作越来越显必要。南京市规划建设领域的高校师生、相关单位早已基于社会责任进行了众多社区规划领域的尝试，规划和自然资源管理部门对社区规划师的工作也越来越重视，于2023年启动了"宁好·社区生活圈"的社区规划探索。

笔者长期坚持进行社区实践研究生教学工作，"基于社区的城市更新"实践型教学已与多类社区开展过公益性合作[109]。2023年秋季学期在规划和自然资源管理部门的接洽下，笔者决定以高校师生社区规划师公益性团队的方式在玄武门街道开展"以人民为中心，为社区而规划——宁好·玄武门社区生活圈"优化规划探索。该公益性社区实践型教学时间为2023年10月至2024年1月，历经4个月，玄武门街道办事处、辖区各社区、南京市规划和自然资源局玄武分局在过程中给予了充分的支持。

笔者团队是城乡规划专业的师生，与直接进行某个更新项目的社区设计师工作不同，本次教学实践探索侧重城市规划的系统性，在社区生活圈的体现就是要素空间系统性提升，希望工作成果能够与未来规划长期导控结合，更加体现近远期结合的规划，而非仅以短期项目建设为导向。进而，在社区生活圈空间系统提升的基础上，帮助地方建立合适的项目行动计划，重视探索新的项目更新动能。由于该类教学并无先例可循，笔者对教学整体过程进行了创新设计，每个阶段在进行过程中根据情况适当调整，最终教学经历了4个阶段。见表6.1。

其间，与街道、社区、规划和自然资源管理部门保持密切合作和信息沟通，讨论课堂始终向他们开放。调研结束后进行了正式的中期汇报沟通，教学结束后进行了正式的答辩汇报。答辩结束后，团队还与正在该街道进行更新项目的企业进行了交流，将关联性的成果信息进行了传递。

表 6.1　"宁好·玄武门社区生活圈"研究生实践型教学阶段设计

阶段		工作内容
阶段 1 基础的空间认知阶段	玄武门街道的整体空间认知	解读上位规划、相关规划；梳理玄武门街道空间演进、自然资源、历史人文资源、现代产业等空间结构
阶段 2 非常重要的调研阶段	根据研究生数量分为 3 组，选择了 3 个相邻社区，开展社区生活圈要素调研、评估和居民参与	**基本信息采集** 采集研究范围内居住小区的边界、入口和人口等基本信息；各级社区生活圈要素的现状空间落位和规模等基本信息
		专业性的达标评估 对照《南京市公共设施配套规划标准》，在社区生活圈全要素信息基础上，进行要素达标评估，包括：各级各类设施、公共空间是否配置，面积等指标是否达标，环境是否符合规范要求，是否提供了良好服务或功能，基于服务半径进行可达性评估
		组织居民参与以征集意见 每组学生在和社区居委会的合作下，组织社区居民参与，通过一张海报、一张要素表、一张分布图的方式，快速帮助居民了解社区生活圈要点，通过参与式标注以及辅助记录等方式收集居民意见
		调研总结 在上述工作基础上，形成对社区生活圈特征的认知，了解居民在基础保障设施方面的急难愁盼，以及在品质提升设施方面的强烈需求
阶段 3 空间规划方案形成阶段	社区生活圈空间优化规划方案，3 个社区分片考虑与整体统筹相结合，以规划思维优化社区生活圈的空间系统	基于前面的社区研究、专业评估和居民参与，结合玄武区总体规划、范围内的详细规划和产权情况，找出适合该社区情况的未来 5~15 分钟生活圈优化的方向，运用各种合适的存量挖潜和优化的方式，进行因应问题和需求的空间优化和项目落位
阶段 4 结合更新动能的行动策划阶段	结合需求紧迫性、实施难易度、主体积极性和更新机制等因素，形成分阶段建设目标和计划	细化近、中、远期行动项目，研判共识难度、资金量级、资金来源，明晰牵头主体、协调主体、实施主体、运营主体；对于重要却难以实施的项目，鼓励提出创新的更新机制

6.1.3　社区生活圈要素达标评估与居民参与

在对玄武门街道整体空间进行了认知之后，接下来的调研评估是最为重要的工作，该阶段工作是后续空间优化和行动策划的信息基础。由于社区生活圈要素很多，详细评估和调研费时费力，研究生 12 人团队分为 3 组，经与地方协商选择了玄武门街道中部且空间相邻的 3 个社区——百子亭、天山路和台城花园社区作为本次教学实践范围。团队首先通过现场地毯式踏勘进行了现状社区生活圈要素的落位，见图 6.2。3 个社区之外 15 分钟步行范围内的设施则通过获取开源地图 POI 数据并对照实地信息得到。

1）达标评估

对照《南京市公共设施配套规划标准》，在社区生活圈要素信息基础上，进行基本公共服务达标评估。设施达标评估应包括：各级各类设施是否配置，设施面积等指标是否达标，设施环境是否符合规范要求，设施运营是否提供了良好服务。公共空间达标评估应包

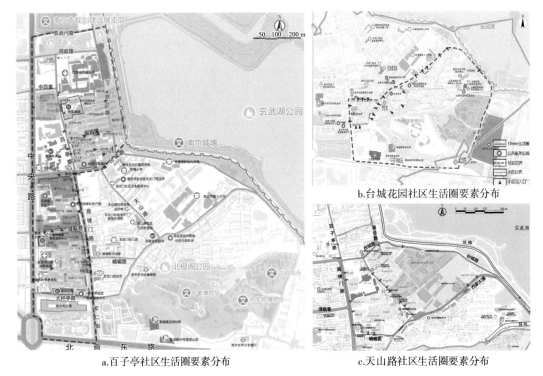

a.百子亭社区生活圈要素分布   c.天山路社区生活圈要素分布

b.台城花园社区生活圈要素分布

图6.2　3个社区的社区生活圈要素分布

括：各级公共绿地是否配置，各级人均公共绿地面积是否达标，公共空间环境是否符合规范要求，公共空间是否提供了相应的活动场地。

对照《南京市公共设施配套规划标准》的步行可达时间要求，在城市道路地理信息基础上，以公共设施和公共空间的出入口为起点，计算5分钟、10分钟、15分钟服务覆盖空间范围和覆盖率。如果有更精细的街坊出入口和街坊内道路信息，可以以居住地块质心或居住楼栋为起点，计算居住地块或居住楼栋5分钟、10分钟、15分钟步行范围内可获取公共设施、公共空间的便利性。

对照标准的专业性达标评估，结论可以帮助基层政府和社区更好地认识辖区内生活圈的状况，判断优势和不足，因而具有重要的意义。见图6.3。

2）居民参与

专业性的达标评估仅是重要参考，还需详细了解社区居民意见、基层社区工作人员意见，才能做出关于生活圈问题和需求的更全面、准确的判断。在整个过程中，师生与社区共同组织居民参与是最为重要的环节，见图6.4。不过，这里必须强调，对社区规划师来说，专业性的达标评估应在居民参与之前完成，因为规划师通过全面空间信息采集和专业性的达标评估，方能对该社区的现有生活圈要素有详细了解，在专业性的达标评估出的优势和不足基础上，倾听居民的声音才会更有效。

图 6.3 以台城花园社区为例的达标评估结果

图 6.4 玄武门街道社区生活圈优化规划工作时间线

组织居民参与，需要用到一些参与式规划的方法，这些方法的目的是让居民快速了解工作意图，因此需要进行社区生活圈的科普宣传，让居民在短时间内快速了解社区生活圈是什么，并且用友好的方式能使居民容易表达他们的想法、诉求和建议。团队设计了一张宣传海报、一张社区生活圈要素表、一张该社区的社区生活圈分布图，准备了方便居民勾画的笔、表达意图的贴纸等有趣的参与式工具，见图6.5。为引导居民始终围绕本次参与的主题，团队一再强调，希望他们告诉我们的是：有关社区公共设施、公共空间和慢行体

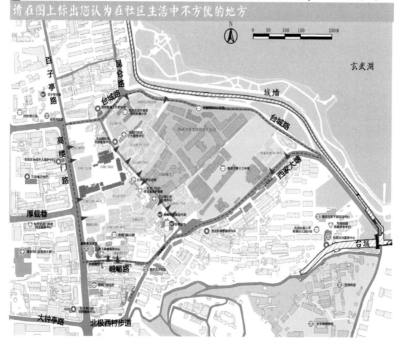

图6.5 组织居民参与使用的一张海报、一张要素表、一张分布图（以天山路社区为例）

与城市联动的社区生活圈研究与规划

系的急难愁盼和强烈需求。事实证明，这些方法确实达到了效果，居民能够快速理解本次工作的意图，由于关系到他们的日常生活，大多数居民表现出强烈的兴趣和表达意愿。居民参与的信息，包括他们的急难愁盼、强烈需求，确实有一些是专业性的达标评估无法得到的。居民参与信息和专业评估结论一起勾勒出该社区生活圈的全貌。

以台城花园社区为例，团队通过组织居民参与确实得到了单纯依靠评估难以得到的意见。该社区近邻玄武湖公园和北极阁公园，前面的评估显示两个公园按15分钟步行范围进行覆盖计算能覆盖大部分居住用地，问题主要在于缺乏5分钟层级的近宅活动空间。然而，居民参与过程中，北极阁公园北麓的某小区居民表达了强烈的不满，原有可以直接通往玄武湖公园和北极阁公园的近道的3个出入口因为某种原因被关闭，作为相关利益方的邻近小区居民不同意重新打开，造成需要多绕行约10分钟才能到达玄武湖公园或北极阁公园。产生矛盾的两个小区存在一定的社会分异，这种矛盾暗含着不和谐的社会因素。见图6.6。

这种居民意见分异的现象在百子亭社区也存在。百子亭社区的居民意见分异，并不体现为不同小区的矛盾，而主要是由小区环境和人口结构的差异引起的。这种意见差异，在一个社区内部出现，是专业性的达标评估不容易发现的。百子亭社区中，东北部的小区老龄化严重，意见主要体现在适老化需求上；而西北部的小区中，省级医院附近租住的流动人口多，医院附近人流量大等因素，伴生相应的问题；东南部的小区中，高校和医院家属区、上班族、年轻人、租房者都比较多，快节奏的生活方式下对生活圈要素有特定的需求。见图6.7。

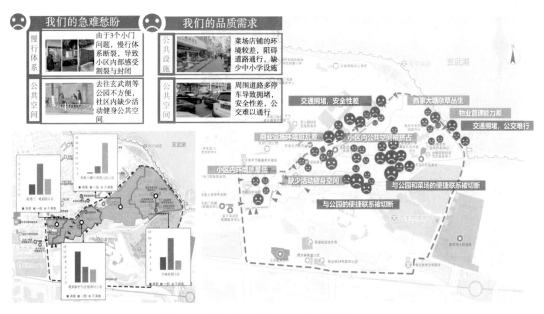

图6.6　台城花园社区居民参与结果与满意度分异

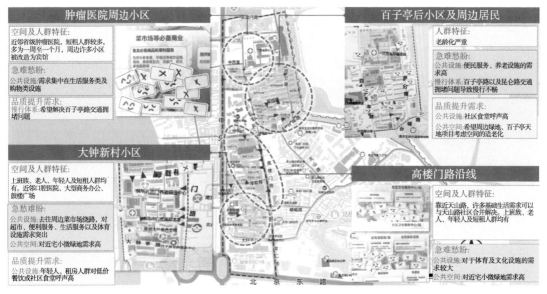

肿瘤医院周边小区

空间及人群特征：
近邻省级肿瘤医院，短租人群较多，多为一周至一个月，周边许多小区被改造为宾馆

急难愁盼：
公共设施：需求集中在生活服务类及购物类设施

品质提升需求：
慢行体系：希望解决百子亭路交通拥堵问题

大钟新村小区

空间及人群特征：
上班族、老人、年轻人及短租人群均有，近邻口腔医院、大型商务办公、鼓楼广场

急愁难盼：
公共设施：去往周边菜市场绕路，对超市、便利服务、生活服务以及体育设施需求突出
公共空间：对近宅小微绿地需求高

品质提升需求：
公共设施：年轻人、租房人群对低价餐饮或社区食堂呼声高

百子亭后小区及周边居民

人群特征：
老龄化严重

急难愁盼：
公共设施：便民服务、养老设施的需求
慢行体系：百子亭路以及昆仑路交通拥堵问题导致慢行不畅

品质提升需求：
公共设施：社区食堂呼声高
公共空间：希望周边绿地，百子亭天地项目考虑空间的适老化

高楼门路沿线

空间及人群特征：
靠近天山路，许多基础生活需求与天山路社区合并解决。上班族、老人、年轻人及短租人群均有

急难愁盼：
公共设施：对于体育及文化设施的需求较大
公共空间：对近宅小微绿地需求高

图 6.7　百子亭社区内部不同片区的居民参与意见

3）调研结论

综合上述的专业评估和居民参与结果，总结 3 个社区在社区生活圈空间方面的特征、优势，以及关于社区生活圈要素的问题和需求，见表 6.2。

表 6.2　3 个社区调研结论

结论	百子亭社区	天山路社区	台城花园社区
特征	高等级商务、办公、医院与居住功能高度混合的区域；小区之间存在周边环境和人口结构的分异，如老人较多的小区、短租人口较多的小区等	位于 3 个社区形成的片区的中心位置，其教育、卫生、菜市场为 3 个社区共享；民国建筑密集分布于社区；部队用地较多	玄武区公园城市山水与社区融合的典型区域，南京明城墙台城段位于该社区；存在不同收入小区的分异
优势	商业密集、特定需求者就医便捷、轨道交通便捷、至大型城市公园绿地便捷	优质且齐全的教育设施（高中小学幼儿园），社区卫生服务、养老护理康复资源较为集中	近邻知名度高的大型城市公园绿地，东临玄武湖公园解放门、南邻北极阁公园；0~3 岁婴幼儿托育（两处）
对基础保障的急难愁盼	老破小微街坊的空间矛盾突出（消防安全、停车挤占公共空间，家门口的活动需求难满足等）；基层游园匮乏；对必备型社区商业尤其是平价餐饮有急迫需求（老人、年轻人、短租就医病人及家属）	基层社区服务中心面积过小、设施过旧、条件过差；对儿童托管、居家养老和社区养老的需求急迫；老破小微街坊空间矛盾突出、门家口活动需求难满足；基层游园匮乏	鸡鸣山庄与近在咫尺的公园绿地（玄武湖、北极阁）原有的联系断裂，隐含着相邻分异小区之间的矛盾
对品质提升的强烈需求	对百子亭更新项目有极大的期待（一揽子解决百子亭路、昆仑路、肿瘤医院周边交通混乱，提供社区体育、休闲活动场地）；对社区食堂有需求	希望解决周边西家大塘、峨眉路、台城路、昆仑路交通拥堵问题（高中小学上下学、道路交叉口）；对北极山村环境提升有需求（涉及幼儿园周边环境、民国建筑资源保护和合理利用）	希望解决周边西家大塘、峨眉路交通拥堵问题（高中上下学、日常步行人流大）；对沿街的环境品质和卫生状况提升有需求

6.1.4 社区生活圈优化空间规划

调研评估和居民参与结论呈现出社区生活圈短板和需求，进而结合玄武区国土空间总体规划的发展意图尤其是近期更新项目情况、研究范围的详细规划和用地产权情况，运用各种存量挖潜和利用社区公共设施的方式、优化公共空间的方式，见表6.3和表6.4。过程中积极与街道和社区充分沟通，提出3个社区整体的社区生活圈优化空间方案。

空间优化方案充分体现规划专业的系统思维、整体思维，并非简单的缺什么补什么、碎片化地罗列空间项目，而是结合研究范围的空间结构——用地结构、道路交通结构、自然空间资源和历史人文资源空间分布特征，尽量将可挖潜利用或优化的空间与研究范围的空间系统、各个社区的空间特征相结合，最大化项目的综合效益和整体效益，从而实现宜居性、吸引力和凝聚力兼具的"宁好·社区生活圈"魅力家园的营建目标。

表6.3 存量挖潜和利用社区公共设施的方式

途径	方式
拆除更新	将需要补足的公共设施清单，纳入更新用地的开发条件
转变功能	可通过购买、置换、租赁等方式，将闲置的条件合适的厂房、学校、商业设施等场所，改造为公共设施
	国家机关、人民团体和事业单位的存量服务用房，优先改造为养老服务设施
适应性利用	产权公有的闲置或低效历史建筑，在历史文化价值和特色保护基础上，适应性利用为社区服务设施
既有公共设施提升	整治、改建、扩建老旧公共设施，提升其空间环境和服务水平
复合共享	探索多功能复合利用、立体利用机制，充分利用地下空间、空中花园、屋顶花园等
	探索封闭管理机构内部的体育、文化设施对外分时共享机制
	探索支持社区组织自主租赁空间、运营品质提升类设施的机制

表6.4 存量挖潜和优化公共空间的方式

途径	方式
闲置、弃置、违建等空间再生	将消极的边角地、插花地、违建拆除后的小型空地，再生为功能适宜的社区小游园、小广场
企事业单位场地共享	学校等单位的体育活动场地，通过建立分时共享机制，适当开放给居民使用
	鼓励企事业单位共享临街场地，通过增设具有可驻留的公共空间使城市街道更具活力
公共设施附属场地功能化	街道办事处、居委会、文体活动场馆或社区中心等公共设施的附属场地，可赋予合适的公共功能，如文化活动场地、休闲交往场地等
既有公共空间品质提升	通过环境整治、增加设施、优化管理等方式，提升既有公共空间的使用效率和环境品质。历史地段的公共空间、文物单位和历史建筑周边的公共空间，应在历史文化价值和特色保护优先的前提下，引入现代设施、满足当代公共活动需要；背街小巷的公共空间，应建立社区参与和多元治理机制，形成富有文化内涵的精致小微空间
空间复合利用	推进多主体合作，探索架空层、空中花园、屋顶花园、桥下空间等立体空间复合利用为公共空间的激励机制和管理机制

百子亭社区，重点利用百子亭天地这一街区更新项目的机会，结合更新项目范围内的空置小学商业化改造植入社区居民迫切需要的社区商业、社区食堂、文化体育等功能。该

更新项目也包括对周边道路的整治，团队提出对省肿瘤医院附近环境进行整治，同时塑造具有疗愈性的街道景观；对老龄化严重的东北部小区，提出对小区内街道产权的闲置房屋再利用为养老、交流等功能的街坊内微中心。

天山路社区，基于既有社区公共设施集聚于天山路（天山路不仅是天山路社区居民使用频率高的街道，也是3个社区居民都经常使用的街道）的结构特征，提出在原有设施基础上，进一步利用沿线闲置建筑，优化医养结合、社区服务、儿童托管等全龄化活力功能；该社区北极山村沿线分布不少衰败的民国建筑，远期优化利用，近期通过环境整治为附近幼儿园提供更为儿童友好的出行环境和活动场地；社区商业集中的南部道路交叉口，在有条件的情况下进一步改善环境，形成地标性节点空间。

台城花园社区，重点解决社区中部居民对于原有通往玄武湖公园和北极阁公园的门被关闭而导致远距离绕行的不满，但不再采取原来从邻近小区穿越造成邻里矛盾的方案，而是通过仔细研究环境条件，采取与城墙沿线绿地和北极阁绿地连接的新方案。新方案涉及利益主体少、实现可能性大。其次解决居民对社区商业街前环境差的不满，整治出整洁有序又保有原来烟火气息的长巷，经由新的连接路径，直通东边和南边的绿色山林。

整体上，百子亭社区商务商业兴盛，通过企社合作实现缤纷多彩的宜居街区；天山路社区历史底蕴深厚，通过社区主街的提升营建人文祥和氛围；台城花园社区，通过贯通城园捷径塑造和谐的烟火长巷—绿色山林之路。优化后的社区生活圈空间方案，既呼应问题和需求，又根植于当地的空间特色。由北至南、由西至东，喧嚣都市与沉静绿色、热闹市井与文化体验并存；老人、中青年、少年儿童、常住户、租住户各得其所，和乐融融。见图6.8。

图6.8　3个社区的生活圈优化整体空间方案

6.1.5 社区生活圈优化行动项目策划

体现统筹性和整体性的社区生活圈优化整体空间方案，由一个个具体项目组成。这些项目关联不同权属组合的用地或建筑，每一个都需要利益协商才能达成，可以利用的更新机制存在差异，相关主体积极性也存在差异，因此，这些项目具有不同的难易程度。行动项目策划，需要研判共识难度、资金量级和来源，明晰牵头主体、协调主体、实施主体、运营主体。好的策划是提升更新动能的策划，既解决问题，又促进利益共赢。

台城花园社区中部与玄武湖公园、北极阁公园连接贯通段，是应对居民呼声的最关键的段落，经过对环境条件的仔细分析，将其分解为 3 个项目：① 建设通往玄武湖公园的城墙下游径的联通门禁；② 提升通往该新门禁的步行质量，统建车棚及充电桩以整治车辆乱停乱放和充电不安全问题；③ 打通通往北极阁公园的上山路径，利用闲置房屋建设活动中心。相较而言，项目①和②关联度高、难度低，可列入近期计划；项目③涉及利益协调难度高，列入中远期计划。该段落项目，除了必须性的公共资金投入外，还考虑了市场的作用，车棚、充电桩和活动中心的建设不仅解决问题，合理运营也可带来市场效益，如此可更好地启动项目，促成变化，满足各方期待。见图 6.9 和表 6.5。

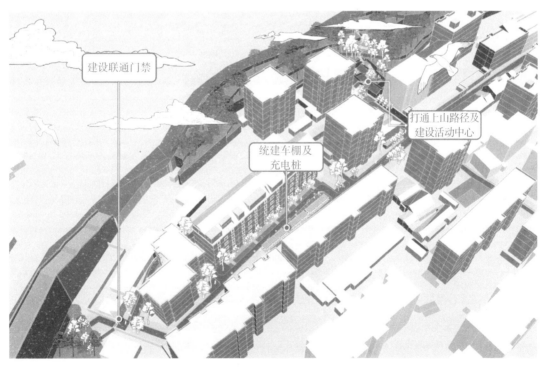

图 6.9　台城花园社区"烟火—山林—漫径"贯通段行动项目分布

表6.5　台城花园社区"烟火—山林—漫径"贯通段行动项目策划

	项目	牵头主体	协调主体	实施主体	运营主体	共识难度	资金量级	资金来源
1	建设联通门禁	社区居委会及其组织的议事会，街道作为支持性的牵头主体	物业、周边受影响居民	该片区近期整治项目建设方	物业	低	低	可纳入该片区近期整治项目，充电桩可通过适当收费逐步回收资金
2	统建车棚和充电桩		物业、拆除原破旧铁皮车棚影响的使用者、周边受影响居民	该片区近期整治项目建设方或车棚、充电桩供应商	物业，车棚、充电桩运营方			
3	打通上山路径	街道	先协同相关部门解决好该处山体滑坡隐患	处理山体滑坡的机构	—	取决于相关部门支持的难度	中	政府灾害防治资金
			再协调居委会和居民代表在合适位置设置门禁	该片区近期整治项目建设方	物业	低	低	可纳入该片区近期整治项目
	建设活动中心	社区居委会及其组织的议事会	与闲置房屋产权方协调租赁事宜	该片区近期整治项目建设方或委托相关建设单位	社区居委会或委托社会组织、引进主理人	高	中	街道可支配资金，运营可设置一定收费项目

　　此处仅以台城花园社区中部的连接公园贯通段3个项目为例，阐述行动项目策划的重要性。事实上，玄武门街道3个社区的若干项目，涉及的行动策划都不一样，难度各异，此处受篇幅所限无法一一说明细节。不仅要运用社区协同思维、善用公共财政，更要密切关注市场、社会力量发展的趋势，才能制定具有创新性的、激发动能的行动项目策划，让社区空间更美好。

6.1.6　面向未来的几点思考

1）关于基础信息平台

　　社区生活圈涉及人们的日常生活，人们的出行、对社区公共设施的使用等日常行为，对城市空间——城市物质空间、社会空间、经济空间和环境质量等高度敏感。现在倡导定期进行城市体检，以促进城市健康发展。其中的社区生活圈体检就高度依赖精细化的基础信息，仅仅一个社区的总体数据是不够的，还应包括居住小区管理边界、人口信息、住房产权信息等，社区公共设施和公共空间的精准落位和管理信息，涵盖城市道路到入户路的细致道路交通信息等。这些信息还需要保持动态更新。我们调研中发现，负责任的社区工作人员，尤其是长期在一个社区工作的人员，对其范围内相关信息很清楚，但大多数是头脑记忆，缺乏规范的空间信息记录；而如果一个社区工作人员调换频繁，信息就难以全面传递给下一任；当需要外界人员进入帮助进行复杂的信息处理时，头脑记忆转化为地理信息耗时长、耗损多，外界人员也需要耗费大量时间自主调研，而换一拨外界人员进入时又产生同样的问题。近年来，责任规划师、社区规划师被寄予期望，但如果不建立基础信息平台，就如同前面提及的社区工作人员一样，基础信息仍会存在不规范、传递困难等问题；基础信息平台的首次建立是需要花费较高成本的，但不解决这个问题，社区生活圈定期常态化、精细化体检就无法做到。

2）关于社区生活圈知识科普

团队的评估结果和居民参与结果大部分一致，但居民参与仍能显示出专业评估结果无法触及的内容。居民生活于此地，不同居民有需求共性，也有差异，他们的时间经历、社会心理和地方敏感，是外来专业者用数据无法替代的。无论数据颗粒精细到什么程度，都无法完全替代人的感知。而居民对社区生活圈反馈的准确性，依赖其拥有的社区生活圈知识。团队在调研中发现，一开始参与的居民都不了解社区生活圈的具体含义，但经由海报、图表信息以及口头科普，他们能够很快地了解相关知识，也知晓团队的意图。因此，社区生活圈的知识科普不仅是可能的，只要运用合适的方法，这种科普还非常有效。笔者希望未来在社区公共空间中，可多设置一些相应的科普信息和反馈渠道，这样居民可以常态反馈他们的意见和建议。

3）关于社区生活圈优化的事权

存量地区社区生活圈优化，不可避免要触碰既有的利益主体。此次教学实践，在制定行动策划项目和计划的过程中，就感知到诸多困局。即便看起来最容易的由街道拥有产权的建筑再利用，也存在该建筑的使用权转让的历史问题；而一些归属高于街道同等级别的单位或机构的闲置建筑再利用，存在着更加难以沟通的问题。教学实践的行动策划中，相对比较容易实现的是，由街道层级负责的背街小巷整治工作，比如天山路社区北极山村内部巷道及环境整治；可以由区属国企正在进行的更新项目包容的项目，比如百子亭天地项目对周边道路环境的整治；而负责台城花园社区正在进行的老旧小区整治的国企，也愿意倾听教学成果中提出的"烟火长巷—绿色山林联系之路"的策划，在未来进一步的整治内容中有意向融入本次教学成果中的社区生活圈提升项目。因此，尽管社区生活圈的事权主要在于基层政府，但如果没有更高层级或更正规的协同机制支持，涉及多元复杂利益主体的相关优化事项是难以落实的。当然，该优化事项的发起，在何种条件下具有正当性和合法性，也在协同机制的建构范围。

4）关于社区规划师的工作

当前，对一个已被确定的项目采取社区参与式设计方法，已成为很多规划师或设计师的自觉。但是,更具统筹性和长期性的社区规划,即便只在社区生活圈层面的统筹综合规划,尚未普及。城乡规划专业的规划师,更擅长系统性统筹谋划和空间规划,希望一个个微项目形成更大的合力,更有效地提升社区宜居性、吸引力和凝聚力。然而,社区规划的工作在何种条件下具有正当性和合法性,能真正发挥有效的作用,相关机制仍待完善。目前来看,仅仅是出于公益性的工作具有很大的不确定性。虽然合作过程中基层政府一定有所收获,但社区规划的系统性和长期性由于种种原因可能并不在基层政府关注范围内,尤其当事项需要组织相关利益主体进行协商或者需要积极拓展社会资本才能达成时,困难尤为艰巨。而如果基层政府委托社区规划师进行社区规划的工作,愿意积极投入此项事业的双方受契约的推动和约束,是最有效的机制。当然,社区规划以及其中的社区生活圈规划,其规划内容和流程肯定是不同于既往的传统规划,为保障规划质量和有效性,需要明晰此类规划与法定规划、建设计划、社区治理的关系,探索适应中国国情的此类规划的标准。目前已有若干城市出台社区生活圈规划导则,内容主要是相关要素体系和规划引导,在此基础上仍应深化对规划体系的探讨。

不管面临何种挑战,城乡规划专业的高等教育从业者,将社区规划纳入教育内容是责任所在。城乡规划专业毕业生未来无论进入规划设计单位、公务员体系还是开发企业,社区规划的知识、方法和思维都会提升他们观察社会、适应社会和推动进步的能力,其中不断强调的"以人民为中心"理念也将成为他们不时回望的初心。

注:本次教学的组织情况如下。

教案设计和教学组织:王承慧;选课同学:贺鹏林,罗嘉,王佳妮,袁潇洁,邵雅欣,张馨月,王慧颖,张浩天,杨博澜,林昊,王凡,陈盟;指导教师:王承慧,吴晓;助教:高宁静,陈文静;教学支持:玄武区玄武门街道,南京市规划和自然资源局玄武分局,南京市规划和自然资源局详细规划处。

6.2

新城区社区生活圈优化规划
——以南京南部新城机场三路社区生活圈优化为例

6.2.1 南部新城规划定位与发展情况

南京南部新城地处主城东南，是主城范围内可供整体开发建设的宝贵空间，见图 6.10。主要由搬迁后的大校场机场地区和高铁南站地区组成，规划管理范围 19.8 km²，核心区约 10 km²，规划人口约 18 万人，是南京城市建设发展的重要功能板块，是以枢纽经济为主要特征的重要战略功能区[110]。南部新城围绕"长三角中央活力区、都市圈超总集聚区、现代化主城新中心"的战略发展定位，致力于打造以商务商贸业为主导、文化创意产业及健康休闲产业为亮点的，具有枢纽经济特色的现代服务业体系，突出产城融合、文脉继承、紧凑发展、活力街区和绿色生态等特色。

2020 年核心区有 6 个社区居委会（归一个行政街道辖区管辖），常住人口合计约 4.8 万人。居住用地的建成地区均在核心区边缘，住房有早期安置房、保障房、中高端商品房、房改房多种类型。生态基底较好，秦淮河及其众多支流、响水河等形成蓝绿廊道，北部有 1 处湿地公园。道路网正处于织密过程中；截至 2024 年，有 1 条地铁线在外围通过，未来至少有 3 条地铁线从核心区通过。城市级和社区级公共设施已建成和在建多处。

除了生态资源外，古代的神机营与近现代的大校场机场留下了丰富的历史文化资源，与机场相关的跑道、瞭望塔、油库等得到了保留。南京市不动产档案馆、中国第二历史档案馆新馆、中芬合作交流中心、全民健身中心等大型文化设施则体现了新风貌。

图 6.10　南部新城核心区规划及效果图

注：图片引自南京南部新城官方网站。

6.2.2　机场三路社区现状与规划

社区生活圈规划需要有细致的分析，充分体现在地性，因此以一个 15 分钟生活圈为范围是合适的；如果仍以南部新城整体为规划范围，则由于范围过大难免考虑不周。未来规划人口约 18 万人的核心区，规划为 5 个 15 分钟社区生活圈。其中，机场三路社区位于核心区西南片，规划人口 5.2 万人，是一处典型的增存并举的新城片区，如何发挥既有建成地区的优势，又弥补建成地区的短板值得思考，同时，新建区和建成区应有机整合、共同发展。原来的控制性详细规划，哪些方面是做得好的，哪些方面还存在欠缺，值得进一步分析，在此基础上进行社区生活圈优化规划。

1）居住用地规划建设情况

机场三路社区范围内，现状已建成居住用地集中在西南部，由 15 个小地块组成的保障房片区以及 3 个地块的高档商品房组成。截至 2023 年上半年，有 4 个已批未建居住地块（其中含 3 个商住混合地块），11 个待开发居住地块（其中含 6 个商住混合地块）。

从 2023 年上半年获取的二手房和新楼销售数据看，保障房房价明显低于商品房。除了保障房具有兼容中低收入者的住房属性外，商品房以中高、高收入购房者为主要销售对象。见图 6.11。

2）社区公共设施现状与规划

（1）公益性设施

现状分布于西南片的已建成地区，规划也已根据人口规模、考虑各设施的服务半径进行了布局。除了独立占地的教育设施等之外，其他社区公益性设施绝大多数分布于中心用

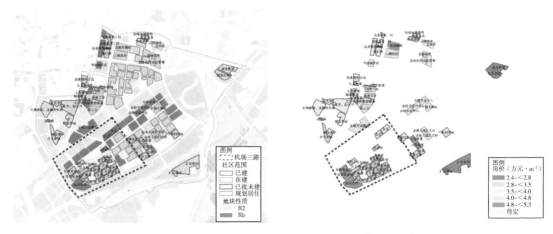

图6.11　机场三路社区居住用地建设和房价情况（2023年）

地，已建成地区的设施分布于已建成的3个基层中心，规划新增设施分布于新增的两级中心用地中。规划公益性设施覆盖率尚可，但正如前面研究显示的，是无法达到全覆盖的。总体来看，基础的公益性设施基本得到保障，但当前受重视的与就业有关的服务设施不足；长远来看，保障房片区和商品房片区居民有可能融合不足。见图6.12。

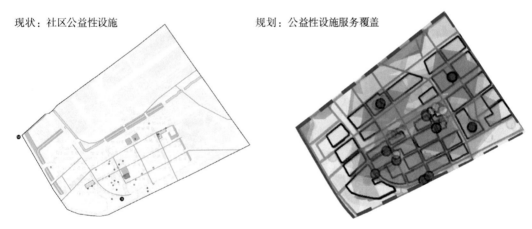

图6.12　机场三路社区公益性设施现状与规划覆盖情况

（2）经营性设施

现状经营性设施主要在南部已建居住区底层布置，形成社区商业街，具有基本保障、高性价比、就近服务、灵活开放等特点。但也存在现状业态单一、服务质量不一的问题，部分商铺存在经营乏力的问题。沿街环境尚可，但局部存在不舒适、不卫生、缺乏秩序等问题。规划商业设施，主要分布于沿机场跑道两侧、地铁站点周围的商业用地或商住用地，具有体验式、一站式等特点。从规划定位看，整体消费水平将远高于既有社区商业街，一方面可与既有的社区商业街互补，满足居民不同层次的需求，另一方面也要避免排斥中低收入人群进入公共空间。见图6.13。

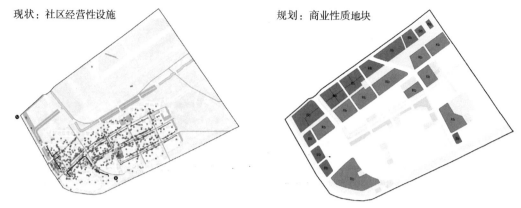

图 6.13　机场三路社区经营性设施现状与用地规划

（3）两级社区中心

现状社区中心 3 处，全部为基层社区中心，即居委会所在之处；1 处为独立占地、2 处为配建（其中 1 处配建于居住用地 R2，1 处配建于商住用地 Rb）。

规划新增 1 处机场三路社区中心，服务于全社区。该居住社区中心运用了相对集中、适当分散的用地组合方式，由 4 个地块组成（其中 3 个地块为 Aa 用地，1 个地块为 Bb 用地）。文化体育、卫生服务、养老服务、派出所、街镇管理及社区服务等设施分布于不同的地块。4 个地块位于社区居中位置，沿滨河道路带状分布，共同形成积极活跃的界面和带状公共空间。

规划新增 4 处基层社区中心，服务于规划新增的居住用地。其中 1 处为独立用地 Rc，3 处均为配建用地（其中 2 处配建于商住用地 Rb，1 处配建于居住社区中心用地 Aa）。可见，基层社区中心规划，考虑到了独立占地建设的困难，大多选择为配建方式，而配建于 Aa 用地也是一种非常现实、可操作性强的集约方式。见图 6.14。

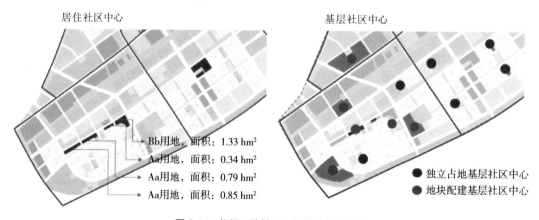

图 6.14　机场三路社区两级社区中心规划

　　　　　　　　　　　　　与城市联动的社区生活圈研究与规划

3) 社区公共空间现状与规划

现状分析显示，基层游园 5 分钟步行距离的服务覆盖尚可，社区公园 10 分钟步行距离覆盖、综合公园 15 分钟步行距离覆盖都很差。

规划分析显示，公共空间覆盖率得到很大提升。基层游园和大型公园绿地显著增多，5 分钟和 15 分钟步行距离覆盖很好；居住社区公园虽然也新增不少，但相对而言 10 分钟步行距离覆盖稍差，不过可以由大型公园绿地增补社区活动设施和场地来弥补。见图 6.15。

4) 慢行体系现状与规划

现状道路尚没有形成完整网络，正处于织密过程中。规划道路在既有道路基础上形成"小街区、密路网"格局，沿保留跑道、河道以及油库公园等设置特色街巷[111]。机场三路社区内的轨道交通站点分别布局于商务办公中心区和社区中心节点，方便社区居民与城市其他地区形成快速连接。沿滨河绿地、机场跑道广场、外围防护绿地以及油库公园西北道路实际上为社区绿道预留了线形空间。见图 6.16。

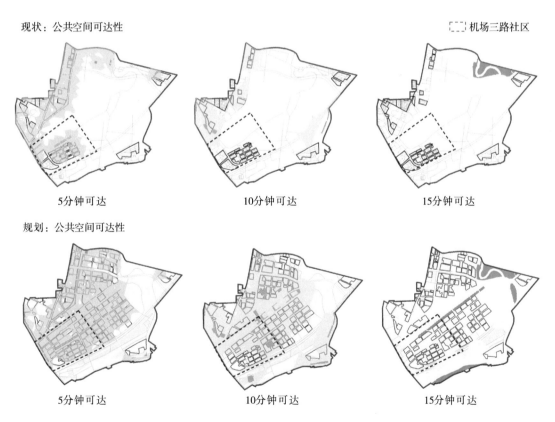

图 6.15 机场三路社区现状与规划的公共空间步行可达性分析

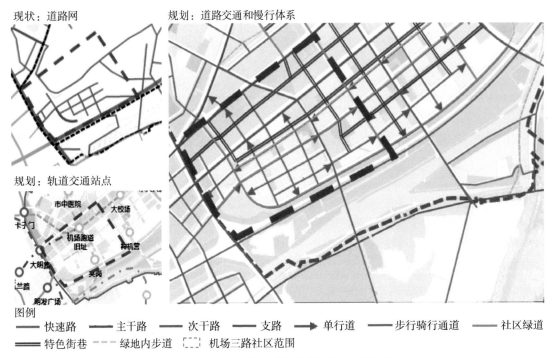

现状：道路网　　规划：道路交通和慢行体系

规划：轨道交通站点

图例

——— 快速路　　——— 主干路　　——— 次干路　　——— 支路　　➡ 单行道　　——— 步行骑行通道　　——— 社区绿道

——— 特色街巷　　----- 绿地内步道　　[ ] 机场三路社区范围

图6.16　机场三路社区道路现状与慢行体系规划

注：慢行体系规划参考　杨涛，彭佳，俞梦骁，等的《中国新城绿色交通规划方法与实践：以南京市南部新城绿色交通规划为例》[111]相关信息绘制。

6.2.3　机场三路社区生活圈优化策略

　　机场三路社区南部已有成熟的大型保障房住区，内部社区商业街道有较大活力，未来可与核心商业区优势互补。该社区也是南部新城自然资源和历史文脉汇集处，如机场河、瞭望塔、机场跑道、油库遗存等，其中机场跑道是国内难得完整保留的跑道遗址。北部高端商务区初具雏形，区域级公共建筑和空间具有新时代特色。

　　然而，规划分析也显示文化、体育类设施覆盖存在缺口，可在公共空间中补足户外的文化和体育功能；吸引年轻人和人才入住的就业服务和服务业态考虑不足。公园绿地的功能应进行相应活动场地和设施补足。此外，规划新建地区和既有保障房片区的融合发展是一大挑战。

　　总体来看，机场三路社区是位于主城边缘的增存并举的新城社区。从人口密度来看，规划人口密度约 2.5 万人／km²，属于适宜人口密度社区生活圈；从主体功能来看，属于新城市中心地区的商务型社区；从人口结构来看，属于多种收入人群混合的社区。基于上述机场三路社区空间规划的特点、不足和挑战，进行社区生活圈规划优化。见图6.17。

1）策略一：新建区与建成区互促发展
继续发挥建成区存量优势。大型保障房住区具备十分成熟的社区配套，为低收入人群

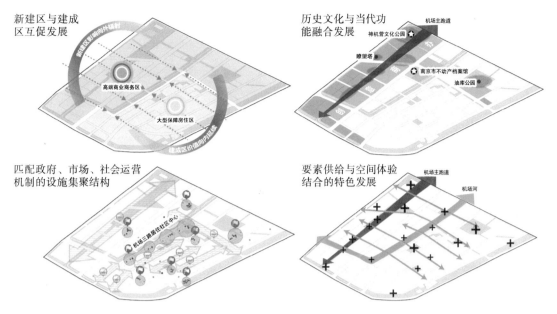

新建区与建成
区互促发展

历史文化与当代功
能融合发展

匹配政府、市场、社会运营
机制的设施集聚结构

要素供给与空间体验
结合的特色发展

图6.17　机场三路社区生活圈优化策略示意图

提供了本地化、多样化、高性价比的商品和服务。未来应尽量避免高端商业挤压社区商业以及身份空间隔离等绅士化现象，持续保障可负担住房和服务的基础支撑作用。

利用新建机会弥补建成区短板。应发挥南部新城辐射带动作用，对建成区进行体检诊断，弥补公共服务短板。

加强新建区与建成区的生活圈网络联系。在完整社区、公平包容的原则指导下，社区生活圈规划应更加关注不同生活单元之间的关系，通过生活圈网络构建，达到新建区和建成区取长补短、共享设施、融合发展。

2）策略二：历史文化与当代功能融合发展

在现代社区生活与历史文化要素上找到契合点，让历史文化资源为城市空间添色赋能，结合机场跑道等历史要素营造独具特色的公共空间，串联起丰富多彩、引人入胜的慢行体系。

建设体现社区文化禀赋和特色的设施服务体系。可通过整合油库公园和社区邻里中心等方式，让人们在日常使用社区中心的同时体验曾经的发展历史。

3）策略三：匹配政府、市场、社会运营机制的设施集聚结构

高品质社区生活圈的营造既依赖政府供给的基本公共服务，也依靠市场和社会供给的准公益或经营性服务。在政府、市场与社会协同合作下，应积极探索适合地方实际情况的更合理的开发建设、移交、物业管理和运营机制；应立足地方的设施供给水平和发展潜力，匹配相应的设施空间供给和集聚空间结构。

已有规划对公益性设施进行了精细的要素布点规划，除了教育之外的公益性设施主要依托具有南京特色的两级社区中心提供。值得注意的是，已有规划并没有全部采用独立占地的中心用地模式，还运用了地块配建的方式，尤其是商住地块中配建基层社区中心，是比较务实的。但在高品质发展目标引领下，还需整体考虑公益性设施空间设置要求以及居民使用公益性设施的便利性，与周边城市功能、道路交通和空间结构统筹考虑，进行城市设计引导。

已有规划对高等级商务办公商业重视度高，但对服务社区的经营性设施缺乏引导。① 高频使用的公益性设施、准公益性设施可以为经营性设施吸引人流，空间布局应予以考虑；② 原有保障房社区商业优势和问题并存，应充分发挥既有优势、缓解问题、提升品质，并加强与未来新建地区的链接，达成新旧片区的错位互补，从而共同发展；③ 规模较大的社区中心具有触媒效应，周边市场通常会自发开发经营性设施，可进行城市设计引导，形成更具选择性的活力社区。

4）策略四：要素供给与空间体验结合的特色发展

统筹考虑服务设施体系和关联支撑体系，整合公共设施、慢行体系、公共空间三大生活圈要素，在落实基础保障型要素的前提下，面向未来人群需求进行品质提升，根据社区特点和愿景进行特色引导。

从南部新城整体范围来看，机场三路社区兼具商务产业社区和多种收入人群混合社区的综合性定位。在既有社区空间基础上，应加强新建区和建成区日常生活空间的链接，将机场跑道、机场河、油库公园等特色空间融入公共空间和慢行体系，营建高端商务场景和包容性烟火场景兼具、历史体验和创新要素结合的社区。

对生活圈空间要素进行引导，促进高品质特色空间形成，尤其重视特色街巷、场所空间、自然体验、健康休闲、社区中心空间的特色营建。

6.2.4 机场三路社区生活圈体系优化

1）社区公共设施要素体系优化

（1）公益性和准公益性设施要素

在既有两级社区中心的项目精细化规划基础上，可结合该社区特点，进一步突出商务社区的人才友好场景、多种收入群体混合的睦邻友好场景，考虑相应的品质提升和特色引导型要素的设置引导，见图 6.18 和图 6.19。

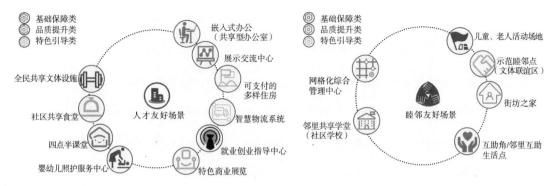

图6.18　人才友好和睦邻友好场景要素

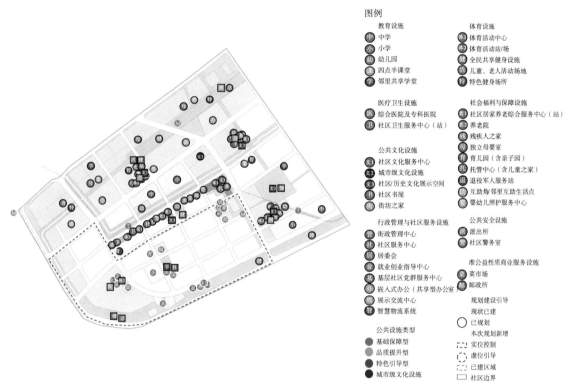

图6.19　机场三路社区公益性和准公益性设施要素空间引导

（2）经营性设施空间引导

经营性设施依赖市场供给，不能对其进行硬性的规模和布局规划，但是基于延续既有经营性设施空间优势、促进城市整体经营性设施发展和营建活力街区的考虑，可对其空间布局进行引导。经营性设施叠加于居住、商业和社区中心功能地块（R2、Rb、Bb、Aa、Rc）之上，存量地块由所在的地块单元管理，新建地块开发经营应遵循引导要求。

可利用规模较大的两级社区中心与地铁站点的触媒效应，引导其周边经营性设施集聚；加强保障房片区既有社区商业街和地铁站点的交通联系。对经营性设施可能集聚的生活性街道，可结合第五章的生活性街道的研究成果，对其进行空间引导。见图6.20。

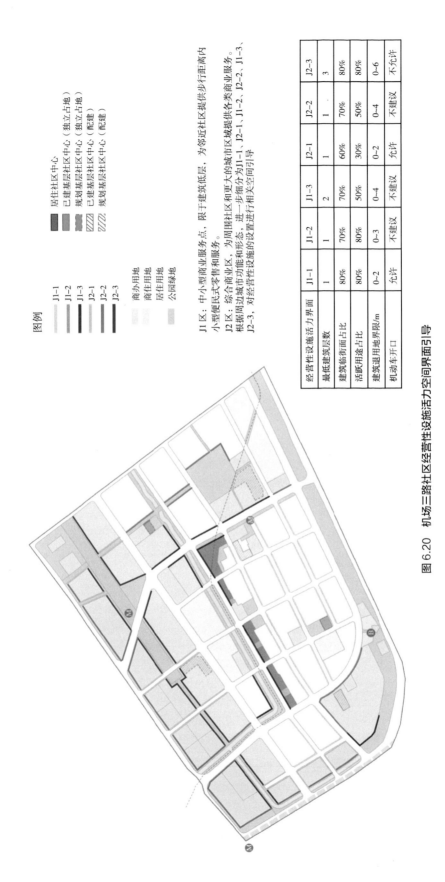

图 6.20 机场三路社区经营性设施活力空间界面引导

图例

J1-1	居住社区中心
J1-2	已建基层社区中心（独立占地）
J1-3	规划基层社区中心（独立占地）
J2-1	已建基层社区中心（配建）
J2-2	规划基层社区中心（配建）
J2-3	

	商办用地
	商住用地
	居住用地
	公园绿地

J1区：中小型商业服务点，限于建筑低层，为邻近社区提供步行距离内小型便民式零售和服务。

J2区：综合商业区，为周围社区和更大的城市区域提供各类商业服务。根据周边功能和形态，进一步细分为J1-1、J2-1、J1-2、J2-2、J1-3、J2-3，对经营性设施的设置进行相关空间引导

经营性设施活力界面	J1-1	J1-2	J1-3	J2-1	J2-2	J2-3
最低建筑层数	1	1	2	1	1	3
建筑临街面占比	80%	70%	70%	60%	70%	80%
活跃用途占比	80%	80%	50%	30%	50%	80%
建筑退用地界限/m	0-2	0-3	0-4	0-2	0-4	0-6
机动车开口	允许	不建议	不建议	允许	不建议	不允许

（3）社区中心空间布局引导

社区中心空间应尽可能与公园绿地、小型公共空间、轨道交通站点、公交站点临近设置，由社区绿道加强与居住用地等的联系，形成充满活力的日常活动中心空间。

对于配建于其他用地的基层社区中心，对其设施的位置进行引导，避免被市场主体边缘化处理。设施应主要布局于开发项目的底层或低层，位于交通便利地段或道路交叉路口，沿街集中布局或在游园、广场周边集中布局。见图 6.21、图 6.22 和表 6.6。

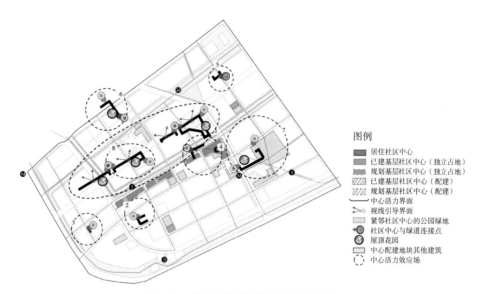

图 6.21　机场三路社区中心空间布局引导

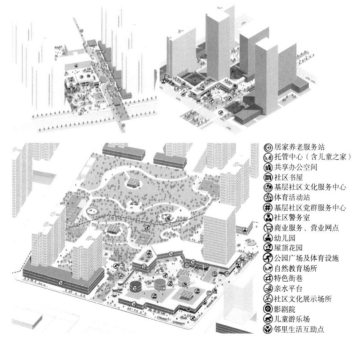

图 6.22　机场三路社区 3 个未建基层社区中心空间布局示意

表 6.6　机场三路社区两级社区中心城市空间引导

中心层级	序号	引导要求			
		功能设施	活力界面	与绿地、绿道关系	其他
居住社区中心	1	局部在建（若干用地组合，3块Aa用地，1块商办用地）。1.医疗卫生、社会福利与保障设施应独立于中心某地块；2.补充：就业创业指导中心	1.沿街营造连续的公共设施活力界面；2.对屋顶花园、建筑内公共空间进行视线引导，充分利用滨水景观，增强空间使用的魅力	1.建议设置屋顶花园；2.较长的用地内设置小型公共空间；3.中心与滨水绿地间加强安全过街设施设计	加强若干用地之间的步行联系
	2	已建（独立占地）。1.适量增加公益性设施比重，尤其文化设施；2.补充：社区书屋、全民健身设施、儿童活动场地	临街、临绿地界面增强开放性、透明性	临近游园加强游憩、体育锻炼功能	对邻近的医院车行、人行流线妥善安排
	3	已建（配建于居住用地R2）。适量增加文体设施比重（街坊之家、体育活动场/站），与现有商业设施进行融合互补	—	—	—
	4	已建（配建于商住用地Rb）。可适当增加与儿童教育有关的经营性文化、体育设施	临街界面增强开放性、透明性	加强与相邻绿地的联系	—
基层社区中心	5	未建（独立占地）。1.可适当扩大社区商业规模，与周边住区底商互惠互利；2.补充：共享办公空间、自然教育场所	1.三侧形成公共设施活力界面；2.与游园连接界面设计灰空间，创造连续的功能服务	中心文体服务功能可向特色街巷、滨水绿地外扩，形成活力效应场	与机场河、特色街巷共同营造绿色慢生活氛围
	6	未建（配建于商住用地Rb）。1.主要布局于低层，与规划城市商业设施融合互补；2.强化吸引青年人才的有关服务设施；3.补充：机场历史文化客厅、共享办公空间、服务于青年家庭的婴幼儿托育设施	临街、临绿地界面增强开放性、透明性	衔接机场跑道公共轴带空间，中心及周边公共空间设置青年人喜爱的体育健身和轻松交流空间	与机场跑道广场一起形成既有历史底蕴，又具时尚精神的空间氛围，服务于商务社区人才
	7	未建（配建于商住用地Rb）。1.主要布局于低层，与规划商业设施融合互补；2.强化体现不同收入人群睦邻友好的宜老宜小服务设施；3.补充：互助角/邻里互助生活点、社区文化展示场所、共享办公空间	1.与商业设施共同形成临街活力界面；2.面向社区绿道、油库公园营造通透的建筑界面	1.加强与油库公园的联系，增强中心活力；2.与道路对面社区绿道之间加强安全过街设施设计	1.充分发挥机场油库的历史文化特色，与新的建筑功能空间融合；2.强化睦邻友好的空间氛围
	8	未建（配建于上层级社区中心用地Aa）。共享居住社区中心部分功能，避免要素重复	—	与现有社区广场加强衔接	—

2）社区公共空间系统优化

营建多层次、多尺度、多形态、多功能的生活圈公共空间系统，鼓励社区社会交往、建设舒适宜人、包容共享、活力充沛的社区环境。见图6.23。

由于规划中10分钟生活圈层次公园配置不完善，应加强5分钟生活圈游园绿地的功能补足，并对15分钟生活圈综合公园、大型绿地临近社区的边缘区域进行相应功能植入。

图例

公共空间层级
居住社区层级
基层社区层级
居住街坊层级

规划策略
特 特色发展
品 品质提升
挖 空间挖潜

功能拓展类型
文化活动
体育活动
游憩活动
儿童活动
商业活动

规划建设情况
已建区域
社区边界

图 6.23　机场三路社区公共空间系统优化引导

对存量地区公共空间覆盖率较低的住区，挖掘用地潜力，见缝插针营造具有功能的小型公共空间，对一些防护绿地、立交桥下绿地等空间进行复合功能设计。

保留场地的历史特征元素，配置具有一定的文化展示、体验互动等功能的文化景观装置，形成有在地性和归属感的场所。

3）社区慢行体系优化

慢行体系将社区公共设施、公共空间和居住区、就业空间、公交站点联系起来，见图 6.24。在由于特定原因导致生活圈要素覆盖服务不足之处，可借助社区慢行道和社区绿道的功能和连通性，使人们可更愉快舒适地出行。

遵循公平包容原则，优化儿童、老人等慢行质量，如在学校附近构建通学路径、老龄化率较高的存量住区构建宜老路径等。

从道路的工程性设计导向向街道的以人为本导向转变，运用小型、低成本、快速建造的弹性灵活的干预工具，使街道空间成为社区活力自然流动的第三场所，见图 6.25 和表 6.7。

对形状指数较高的地块，在地块内部设置穿越通道引导，提高慢行连通性。穿越通道可为内部贯通户外空间、有顶棚的半户外空间，也可以在建筑内部设计贯通的室内通道，形成"建筑城市化"的街区氛围。沿通道可设置商户外摆区或公共活动设施，见图 6.26。

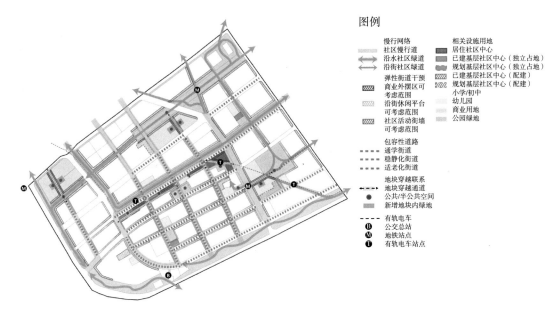

图例

慢行网络
　社区慢行道
←→ 沿水社区绿道
←→ 沿街社区绿道

弹性街道干预
▨ 商业外摆区可
　考虑范围
▨ 沿街休闲平台
　可考虑范围
▨ 社区活动街墙
　可考虑范围

包容性道路
---- 通学街道
---- 稳静化街道
---- 适老街道

地块穿越联系
←→ 地块穿越通道
● 公共/半公共空间
■ 新增地块内绿地

--- 有轨电车
Ⓑ 公交总站
Ⓜ 地铁站点
Ⓣ 有轨电车站点

相关设施用地
■ 居住社区中心
▨ 已建基层社区中心（独立占地）
▨ 规划基层社区中心（独立占地）
▨ 已建基层社区中心（配建）
▨ 规划基层社区中心（配建）
　小学/初中
　幼儿园
　商业用地
　公园绿地

图 6.24　机场三路社区慢行体系优化引导

图例

▨ 商业外摆引导区
▨ 沿街休闲空间引导区
▨ 社区活动街墙引导区

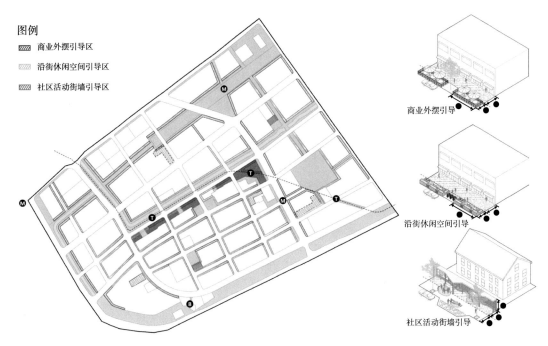

商业外摆引导

沿街休闲空间引导

社区活动街墙引导

图 6.25　机场三路社区街道弹性功能引导

　　　　　　　　　与城市联动的社区生活圈研究与规划

表 6.7　机场三路社区街道 3 种类型的弹性引导

类型	商业外摆区	沿街休闲空间	社区活动街墙
功能	餐饮、休憩	休憩、餐饮、自行车停放、充电、阅览展示、雨水花园	社区活动、儿童游乐、休憩、社区花园、展览
位置	位于沿街商业建筑前区、商业综合体庭院、广场、滨水空间和临近公共步行网络的公共空间	适用于公共空间紧缺的保障房社区商业街，不适用于高速、大运量的交通性干道	适用于居住区、企事业单位、学校围墙
约束	不得侵占消防通道，不得阻碍人行道、自行车道。应有明确标记，建议使用花池或栏杆限定边界	不得侵占消防通道，不得阻碍人行道、自行车道。应有明确标记，建议使用花池或栏杆限定边界。连接处使用无障碍坡道	应征得围墙产权所属人同意，组织公众尤其是利益相关人参与方案设计
结构	开放式轻巧结构，既保证结构稳固，又易于组装和拆卸	开放式轻巧结构，既保证结构稳固，又易于组装和拆卸	围墙界面保证一定通透性。改造单调的实墙为文化墙，增强多样性和美观度

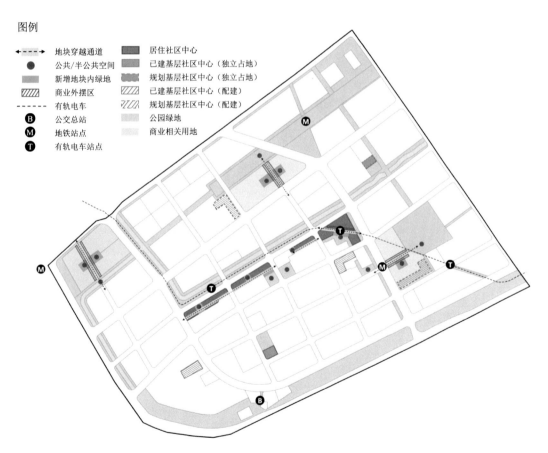

图 6.26　机场三路社区地块穿越通道引导

6.2.5 对详细规划体系的思考

1）关于刚性和弹性

社区生活圈的基础保障性要素需要得到刚性保障，尤其是独立占地的用地需要严格保障，由非社区中心用地承担的配建要求则要设置严格的建设、移交和监督程序。然而，刚性保障并非简单化扩大用地，需要统筹用地的集约利用，匹配当地的公益功能需求和供给能力，能够及时保质保量地供给设施才是真正的刚性。仅有用地却迟滞建设无法应对需求，或建设后转变功能也难以收回使用权，或建设完成并投入使用但服务质量很差，都不是真正的刚性。因此，刚性包括用地控制刚性和配建建设刚性，以及能够及时跟进需求进行供给的刚性。

及时跟进供给，实际上就是刚性和弹性的结合，就如同一个可伸缩的弹簧，在合适的阈域内发挥相应的功能。社区公共设施用地预留，既是刚性，也是弹性；建筑面积保有国有权属，可作为经营性设施，在有需求时应能及时转为公益性设施，同样如此。当然，弹性还有其他的内涵。一些社区服务设施兼具市场性和公益性，可通过合理范围的用途混合管制，鼓励市场或社会力量参与供给。总之，刚性不等同于简单化管理，弹性不等同于放任；真正做到刚弹性相结合，是新形势下详细规划精细化管理的挑战。

2）关于城市设计

城市高品质发展要求下，仅以控制性详细规划原有的指标对城市建设进行引导已远远不够。21世纪以来城市设计被广泛纳入各层级规划，地块城市设计图则和详细规划的结合，对具体的建设引导发挥了重要作用。然而既有城市设计图则的内容体系，逐渐落后于高质量发展的新形势。以社区生活圈空间体系来看，城市设计就普遍缺乏宜居导向的内容，比如社区中心的空间引导、活力生活性街道引导、连续慢行体系引导，在政府主导的社区生活圈要素和市场参与的社区生活圈要素之间缺乏互动引导，对促成多元人群日常生活空间融合也不够重视。对于已成为存量的地区，相关城市设计引导更为匮乏。详细规划图则亟待补充引导社区生活圈高品质发展的城市设计内容。对于极具地方特色和价值的社区生活圈空间，如果一致认为应加强维护和管理，可探讨叠加针对特定范围的专门城市设计管控和引导。

3）关于动态管理和社会治理

城镇化后半程，国土空间规划体系下的详细规划需高度重视发展过程的动态管理。应结合中国国情，贯彻以人民为中心的发展思想，持续完善用地的用途管制及管理规程，才能应对社区生活圈不断发展的新要求。创新动态管理和社会治理相结合的机制，自下而上提出的合理合法的发展要求，详细规划体系应予以支持。目前的城市体检，即是为动态发展奠定基础，然而，涉及社区生活圈的城市体检，不仅仅由数据分析得出体检结论，更要由来自居民和基层工作人员的真实反馈信息得出体检结论。详细规划体系的动态管理和社区治理相结合，是规划领域探索中国特色现代化治理体系的应有之义。

参考文献

［1］石川栄耀．大東京地方計画方法論［M］．人口問題資料第四十輯 第三回人口問題全国協議会報告書．東京：刀江書院，1941：409-420.

［2］日笠端．住宅地の計画単位と施設の構成に関する研究：大都市郊外住宅地の場合［J］．都市計画·経済，1957(57)：301-304.

［3］波多江健郎，鈴木達己．日常生活圏について：大都市周辺に於ける住宅都市の研究·その1（都市計画·建築経済·防災）［R］．東京都：日本建築学会論文報告集，1961.

［4］高橋伸夫．日本の生活空間にみられる時空間行動に関する一考察［J］．人文地理，1987，39（4）：295-318.

［5］陈青慧，徐培玮．城市生活居住环境质量评价方法初探［J］．城市规划，1987(5)：52-58，29.

［6］王兴中．中国内陆中心城市日常城市体系及其范围界定：以西安为例［J］．人文地理，1995(1)：1-13.

［7］柴彦威．以单位为基础的中国城市内部生活空间结构：兰州市的实证研究［J］．地理研究，1996(1)：30-38.

［8］袁家冬，孙振杰，张娜，等．基于"日常生活圈"的我国城市地域系统的重建［J］．地理科学，2005，25(1)：17-22.

［9］季珏，高晓路．基于居民日常出行的生活空间单元的划分［J］．地理科学进展，2012，31(2)：248-254.

［10］柴彦威，张雪，孙道胜．基于时空间行为的城市生活圈规划研究：以北京市为例［J］．城市规划学刊，2015(3)：61-69.

［11］Langford M, Higgs G, Radcliffe J, et al. Urban population distribution models and service accessibility estimation［J］. Computers, Environment and Urban Systems, 2008, 32(1): 66-80.

［12］Duncan D T, Aldstadt J, Whalen J, et al. Validation of walk score for estimating neighborhood walkability: an analysis of four US metropolitan areas［J］. International Journal of Environmental Research and Public Health, 2011, 8(11): 4160-4179.

［13］Carr L J, Dunsiger S I, Marcus B H. Walk score™ as a global estimate of neighborhood walkability［J］. American Journal of Preventive Medicine, 2010, 39(5): 460-463.

［14］王兴平，胡畔，沈思思，等．基于社会分异的城市公共服务设施空间布局特征研究［J］．规划师，2014，30(5)：17-24.

［15］袁奇峰，马晓亚．保障性住区的公共服务设施供给：以广州市为例［J］．城市规划，2012，36(2)：24-30.

［16］王承慧，章毓婷．大型保障房社区公共设施供给机制优化研究［J］．城市规划学刊，2017(2)：96-103.

［17］卢银桃．基于日常服务设施步行者使用特征的社区可步行性评价研究：以上海市江浦路街道为例［J］．城市规划学刊，2013(5)：113-118.

［18］吴健生，秦维，彭建，等．基于步行指数的城市日常生活设施配置合理性评估：以深圳市福田区为例［J］．城市发展研究，2014，21(10)：49-56.

［19］邹利林．生活便利性视角下城市不同功能区居住适宜性评价：以泉州市中心城区为例［J］．经济地理，2016，36(5)：85-91.

［20］柴彦威，李春江，夏万渠，等．城市社区生活圈划定模型：以北京市清河街道为例［J］．城市发展研究，2019，26(9)：1-8，68.

［21］柴彦威，李春江．城市生活圈规划：从研究到实践［J］．城市规划，2019，43(5)：9-16，60.

与城市联动的社区生活圈研究与规划

［22］孙道胜，柴彦威，张艳.社区生活圈的界定与测度：以北京清河地区为例［J］.城市发展研究，2016, 23(9): 1−9.

［23］王德，傅英姿.手机信令数据助力上海市社区生活圈规划［J］.上海城市规划，2019(6): 23−29.

［24］谷志莲，柴彦威.城市老年人的移动性变化及其对日常生活的影响：基于社区老年人生活历程的叙事分析［J］.地理科学进展，2015, 34(12): 1617−1627.

［25］韩亚楠，张希煜，段雪晴，等.北京朝阳区双井街道：基于儿童生活日志调研和空间观测的社区公共空间儿童友好性评估［J］.北京规划建设，2020(3): 43−48.

［26］刘泉，钱征寒，黄丁芳，等.15 分钟生活圈的空间模式演化特征与趋势［J］.城市规划学刊，2020(6): 94−101.

［27］程蓉.以提品质促实施为导向的上海 15 分钟社区生活圈的规划和实践［J］.上海城市规划，2018(2): 84−88.

［28］于一凡.从传统居住区规划到社区生活圈规划［J］.城市规划，2019, 43(5): 17−22.

［29］黄瓴，明峻宇，赵畅，等.山地城市社区生活圈特征识别与规划策略［J］.规划师，2019, 35(3): 11−17.

［30］《城市规划学刊》编辑部.概念•方法•实践："15 分钟社区生活圈规划"的核心要义辨析学术笔谈［J］.城市规划学刊，2020(1): 1−8.

［31］刘嫱.基于手机数据的居民生活圈识别及与建成环境关系研究［D］.哈尔滨：哈尔滨工业大学，2018.

［32］Li C J, Xia W Q, Chai Y W. Delineation of an urban community life circle based on a machine−learning estimation of spatiotemporal behavioral demand［J］. Chinese Geographical Science, 2021, 31(1): 27−40.

［33］Anderson T K. Kernel density estimation and K−means clustering to profile road accident hotspots［J］. Accident Analysis and Prevention, 2009, 41(3): 359−364.

［34］Prokhorenkova L, Gusev G, Vorobev A, et al. CatBoost: unbiased boosting with categorical features［C］// NIPS'18: Proceedings of the 32nd International Conference on Neural Information Processing Systems. Montréal, Canada, 2018: 6639−6649.

［35］Dorogush A V, Ershov V, Gulin A. CatBoost: gradient boosting with categorical features support［EB/OL］.(2018−10−24)［2022−05−28］. https://doi.org/10.48550/arXiv.1810.11363.

［36］Pham T D, Yokoya N, Xia J S, et al. Comparison of machine learning methods for estimating mangrove above−ground biomass using multiple source remote sensing data in the red river delta biosphere reserve, Vietnam［J］. Remote Sensing, 2020, 12(8): 1334.

［37］佩里.邻里单位［M］// 沃特森，布拉特斯，谢卜利.城市设计手册.刘海龙，郭凌云，俞孔坚，等译.北京：中国建筑工业出版社，2006: 104−109.

［38］Smithson A, Smithson P. Urban structuring［M］. New York: Reinhold, 1967.

［39］迈达尼普尔.城市空间设计：社会—空间过程的调查研究［M］.欧阳文，梁海燕，宋树旭，译.北京：中国建筑工业出版社，2009.

［40］Banerjee T, Baer W C. Beyond the neighborhood unit−residential environments and public policy［M］. New York: Plenum Press, 1984.

［41］Neal P. Urban villages and the making of communities［M］. London: Taylor & Francis, 2003.

［42］Duany A, Plater-Zyberk E. The neighborhood, the district, and the corridor［M］//Katz P. The new urbanism: toward an architecture of community. New York: McGraw Hill, 1994: xvii-xx.

［43］Calthorpe P. The region［M］//Katz P. The new urbanism: toward an architecture of community. New York: McGraw Hill, 1994: xi-xvi.

［44］Hee L, Heng C K. Transformations of space: a retrospective on public housing in Singapore［M］//Stanilov K, Scheer B C. Suburban form: an international perspective. New York: Routledge，2004: 127-147.

［45］汪定曾.上海曹杨新村住宅区的规划设计［J］.建筑学报，1956(2): 1-15.

［46］李宏铎.百万庄住宅区和国棉一厂生活区调查［J］.建筑学报，1956(6): 19-29.

［47］向旋.1949—1978 江浙沪工人新村住宅建筑及其户外环境研究：基于空间形态和形式特征的研究［D］.无锡：江南大学，2011.

［48］赵万民，王华，李云燕，等.中国城市住区的历史演变、现实困境与协调机制：基于社会与空间的视角［J］.城市规划学刊，2018(6): 20-28.

［49］曾卫，王华，尤娟娟，等.城市街区型住区的规划策略研究［J］.西部人居环境学刊，2016, 31(3): 82-89.

［50］朱名宏.美国社区中心的类型和管理考察及其启示［J］.探求，2003(2): 46-51.

［51］李强.从邻里单位到新城市主义社区：美国社区规划模式变迁探究［J］.世界建筑，2006(7): 92-94.

［52］李秀伟.韩国世宗市复合社区中心建设经验及启示［J］.北京规划建设，2018(6): 69-71.

［53］李盛.新加坡邻里中心及其在我国的借鉴意义［J］.国外城市规划，1999(4): 30-33.

［54］张威，刘佳燕，王才强.新加坡社区服务设施体系规划的演进历程、特征及启示［J］.规划师，2019, 35(3): 18-25.

［55］刘泉，赖亚妮.新加坡邻里中心模式在中国的功能演变［J］.国际城市规划，2020, 35(3): 54-61.

［56］刘泉，张震宇.空间尺度的意义：邻里中心模式下珠海市住区公共设施规划的思考［J］.城市规划，2015, 39(9): 45-52.

［57］王承慧，章毓婷，汤楚荻，等.南京社区中心用地控制模式审视与调适［J］.城市规划，2016, 40(11): 60-66.

［58］黄瓴，骆骏杭，宋春攀，等.基于社区生活圈理念的社区家园体系规划：以重庆市两江新区翠云片区为例［J］.城市规划学刊，2021(2): 102-109.

［59］戴德胜，姚迪，段进.比较与重构：中外典型社区中心空间发展模式的调查研究［J］.城市规划学刊，2013(6): 112-118.

［60］宋聚生，孙艺，孙泊洋.基于行政边界优化的社区中心规划：以重庆市江北区为例［J］.规划师，2016, 32(8): 98-105.

［61］王承慧，邱建维，瞿嘉琳，等.社区中心空间类型和服务效益：对社区生活圈规划的启示［J］.现代城市研究，2022, 37(8): 43-50.

［62］乐建明，叶堃晖.城市新区公共设施发展路径优化研究［J］.城市发展研究，2019, 26(6): 133-140.

［63］周春山，朱孟珏.转型期我国城市新区的空间效应及机理研究［J］.城市规划，2021, 45(3): 91-98.

［64］王承慧，瞿嘉琳，李嘉欣，等.集中用地社区中心规划实施评估及模式研究［J］.规划师，2023, 39(5): 53-60.

［65］Housing & Development Board. Public housing in Singapore: residents' profile, housing satisfaction and preferences—HDB sample household survey 2018［M］. Singapore: Housing & Development Board, 2021: 114, 125.

［66］Center for Applied Transect Studies. Smart code version 9.2［R］.［S.l.］: Center for Applied Transect Studies, 2009: 41.

［67］Bertaud A. The last Utopia: the 15-minute city［R］.［S.l.］: Urban Reform Institute, 2022.

［68］Abbiasov T, Heine C, Sabouri S, et al. The 15-minute city quantified using human mobility data［J］. Nature Human Behaviour, 2024, 8: 445-455.

［69］周聪惠. 公园绿地绩效的概念内涵及评测方法体系研究［J］. 国际城市规划, 2020, 35(2): 73-79.

［70］杜伊, 金云峰. 社区生活圈的公共开放空间绩效研究: 以上海市中心城区为例［J］. 现代城市研究, 2018, 33(5): 101-108.

［71］张晓文, 公伟. 社区公共空间研究综述［J］. 设计, 2020, 33(6): 117-119.

［72］Kropf K. The handbook of urban morphology［M］. Chichester: John Wiley & Sons Ltd, 2017.

［73］孙彤宇. 创造住区与城市公共空间的契合: 以上海"绝对城市: 美地芳邻苑"为例［J］. 建筑, 2009(16): 99-100.

［74］汪丽君, 刘荣伶. 天津滨海新区小微公共空间形态类型解析及优化策略［J］. 城市发展研究, 2018, 25(11): 140-144.

［75］徐振, 周珍琦, 王沂凡, 等. 公园城市视角下公园步行范围与城市形态分析［J］. 城市规划, 2021, 45(3): 81-90.

［76］Jacobs J. The death and life of great American cities［M］. New York: Random House, 1961.

［77］Alexander C. The city is not a tree［J］. Design, 1966, 206: 46-55.

［78］康泽恩. 城镇平面格局分析: 诺森伯兰郡安尼克案例研究［M］. 宋峰, 许立言, 侯安阳, 等译. 北京: 中国建筑工业出版社, 2011.

［79］Hillier B, Hanson J. The social logic of space［M］. Cambridge: Cambridge University Press, 1984.

［80］Hillier B. Space is the machine: a configurational theory of architecture［M］. Cambridge: Cambridge University Press, 1996.

［81］马歇尔. 街道与形态［M］. 苑思楠, 译. 北京: 中国建筑工业出版社, 2011.

［82］Southworth M, Ben-Joseph E. Streets and the shaping of towns and cities［M］. Washington, DC: Island Press, 2003.

［83］沈磊, 孙洪刚. 效率与活力: 现代城市街道结构［M］. 北京: 中国建筑工业出版社, 2007.

［84］Cervero R, Kockelman K. Travel demand and the 3Ds: density, diversity, and design［J］. Transportation Research Part D: Transport and Environment, 1997, 2(3): 199-219.

［85］刘涟涟, 尉闻. 步行性评价方法与工具的国际经验［J］. 国际城市规划, 2018, 33(4): 103-110.

［86］卢银桃, 王德. 美国步行性测度研究进展及其启示［J］. 国际城市规划, 2012, 27(1): 10-15.

［87］王德, 卢银桃, 朱玮, 等. 社区日常服务设施可步行性评价系统开发与应用［J］. 同济大学学报(自然科学版), 2015, 43(12): 1815-1822.

［88］周垠, 龙瀛. 街道步行指数的大规模评价: 方法改进及其成都应用［J］. 上海城市规划, 2017(1): 88-93.

［89］盖尔. 交往与空间［M］. 何人可, 译. 北京: 中国建筑工业出版社, 2002.

［90］梅赫塔.街道：社会公共空间的典范［M］.金琼兰，译.北京：电子工业出版社，2016.

［91］蒋涤非.城市形态活力论［M］.南京：东南大学出版社，2007.

［92］邱灿红，彭钢.城市街道活力的营造［J］.南方建筑，2006(9)：1-3.

［93］姜蕾.城市街道活力的定量评估与塑造策略［D］.大连：大连理工大学，2013.

［94］黄丹，戴冬晖.生活性街道构成要素对活力的影响：以深圳典型街道为例［J］.中国园林，2019，35(9)：89-94.

［95］冯月，余翩翩.社区街道活力评价及影响因子辨析：以成都市为例［J］.西部人居环境学刊，2019，34(6)：18-24.

［96］Li X, Lv Z H, Zheng Z G, et al. Assessment of lively street network based on geographic information system and space syntax［J］. Multimedia Tools and Applications, 2017, 76(17): 17801-17819.

［97］刘星，盛强，杨振盛.街景地图对街道活力分析的适用性研究［J］.城市建筑，2018(6)：40-43.

［98］闵忠荣，丁帆.基于百度热力图的街道活力时空分布特征分析：以江西省南昌市历史城区为例［J］.城市发展研究，2020，27(2)：31-36.

［99］黄生辉，王存颂.街道城市主义：武汉市街道活力量化及影响因素分析［J］.上海城市规划，2020(1)：105-113.

［100］陈锦棠，邓明亮，梁斌注，等.建成街道活力时空特征及提质策略研究：以广州市建设新村为例［J］.规划师，2021，37(16)：13-21.

［101］Southworth M, Owens P M. The evolving metropolis: studies of community, neighborhood, and street form at the urban edge［J］. Journal of the American Planning Association, 1993, 59(3): 271-287.

［102］Louf R, Barthelemy M. A typology of street patterns［J］. Journal of the Royal Society, Interface, 2014, 11(101): 20140924.

［103］Sevtsuk A, Kalvo R, Ekmekci O. Pedestrian accessibility in grid layouts: the role of block, plot and street dimensions［J］. Urban Morphology, 2016, 20(2): 89-106.

［104］Berghauser-Pont M, Stavroulaki G, Bobkova E, et al. The spatial distribution and frequency of street, plot and building types across five European cities［J］. Environment and Planning B: Urban Analytics and City Science, 2019, 46(7): 1226-1242.

［105］邓浩，宋峰，蔡海英.城市肌理与可步行性：城市步行空间基本特征的形态学解读［J］.建筑学报，2013(6)：8-13.

［106］陈泳，王全燕，奚文沁，等.街区空间形态对居民步行通行的影响分析［J］.规划师，2017，33(2)：74-80.

［107］鲁斐栋，谭少华.城市住区适宜步行的物质空间形态要素研究：基于重庆市南岸区16个住区的实证［J］.规划师，2019，35(7)：69-76.

［108］张海林.基于百度热力图的人口活动数量提取与规划应用［J］.城市交通，2021，19(3)：103-111.

［109］王承慧，王兴平，陶韬，等.南京城市社区更新理论与实践［M］.北京：中国城市出版社，2021.

［110］南京市南部新城开发建设管理委员会.南部新城简介［EB/OL］.(2020-01-08)［2023-04-26］.http://nbxc.nanjing.gov.cn/xcjj/xcgh/.

［111］杨涛，彭佳，俞梦骁，等.中国新城绿色交通规划方法与实践：以南京市南部新城绿色交通规划为例［J］.城市交通，2021，19(1)：58-64.